NF文庫
ノンフィクション

# 海軍操舵員よもやま物語

艦の命運を担った〝かじとり魂〟

小板橋孝策

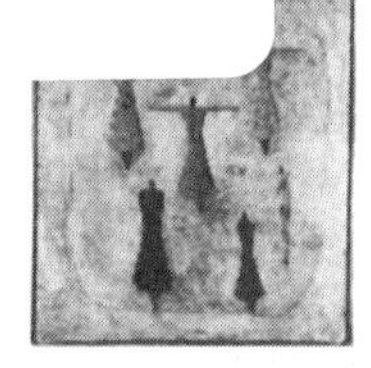

潮書房光人社

# 海軍操舵員よもやま物語——目次

イラスト／おのつよし

# 海軍操舵員よもやま物語

# 日・米決戦への操舵

昭和十五年五月。わが海軍の首脳人事は海兵三十二期で占められていた。

連合艦隊司令長官は山本五十六中将、海軍大臣・吉田善吾中将、支那方面艦隊司令長官・嶋田繁太郎中将という人事であり、そのころすでにアメリカの日本にたいする締め付けはじわじわと迫っていた。

その首脳人事の動くところ、マスコミの動向とともに、日・米決戦への影響は重大な局面へ変針しようとしていた。

そのアメリカによる日本にたいする締め付けは、当時の国際連盟を背景にして、A・B・C・D（アメリカ・イギリス・中国・オランダ）包囲陣がその姿を現わし、連合艦隊の行動さえ自由に行なえないような状態に、重油の輸入が圧迫されていた。

一方、日本の中国への進出も長期化して硬直状態にあり、日支事変は支那事変と改名されて、新たな局面に展開されようという情況であった。

マンネリ化した中国との戦いにあって、海軍は旧型装甲巡洋艦「出雲」を旗艦として、目立った戦いはほとんどなかった。

しかし、そういう海軍の出番が、日・米の緊迫という情況の変化でいよいよ訪れようとしていた。

直接、戦闘に当たる将兵たちの指導にも大きく変化の兆(きざ)しが見えはじめてきたし、そういう動勢の中で、この日・米決戦は航空機による戦いが主力になるであろうと予想していたのは、山本五十六連合艦隊司令長官であったという。

しかも、短期決戦でなければ日本の生きる道はない、ともみていたといわれる。

こうして、日・米決戦の方向に日本海軍の針路はじょじょに定針しはじめ、その最初の現われが、この年からはじまった航空兵入団の急増である。

ちなみに、海軍の最高幹部を養成する海軍兵学校の入校者の推移をみると、六十八期（昭和十二・四・一入校）二百八十八名、六十九期（昭和十三・四・一入校）三百四十三名、七十期（昭和十三・十二・一入校）四百三十二名、七十一期（昭和十四・十二・一入校）五百八十一名、七十二期（昭和十五・十二・一入校）六百二十五名、七十三期（昭和十六・十二・一入校）九百二名というふうに、年ごとに急速に増加していた。

こうして、日・米決戦へのテレグラフは大きく速力を上げ、第一戦速から第五戦速へと近づき、横須賀海兵団の徴集兵の数も、この年は前年の二倍という八千名へと激増し、その中でも航空兵の増加がとくに目立っていた。

これを養成する首脳部は、横須賀鎮守府司令長官・長谷川清大将（海兵三十一期）、横須賀海兵団長・水野準一少将（海兵三十七期）という最高の陣容であった。

海兵団は、新しく落成したばかりのピカピカの航空兵舎をふくめて、八兵舎まで完備されていた。そして、団内は綺麗に清掃され、いやがうえにも緊張の漲る雰囲気であった。それから四ヵ月あまり、最後の仕上げともいえる辻堂演習、艦務実習も終了して、あとはただ、実施部隊の配属を待つばかりである。

――昭和十五年五月。

日・米開戦を一年半後にひかえた横須賀海兵団の朝は、すっきりと晴れ上がっていた。前面に聳える新緑につつまれた浅間山を見上げ、緊張のうちにも、心はその浅間神社の見晴らし台から眺めたそれぞれの故郷の空に飛んでいた。

号令台に向かって整列する二千八百名にのぼる「カラス」といわれる、まだマーク（階級章）のない海軍四等水兵たちは、朝礼を行なっている。

「気をつけー！」

新兵課長兼四等水兵教育主任の竹下宜豊中佐（海兵四十八期）の号令に合わせて、号令台上から流れるラッパの合図のもと、朝礼は開始される。

もう、この朝礼も五ヵ月になろうとしており、卒業目前である。

「うつわには　したがいながら
　いわがねも
　とおすは水の力なりけり」

朗々と朗読される明治天皇の御製が、広い練兵場に響いてゆく。

　このとき、異様に思えるのは、前面のコンクリート三階建て六コ分隊一千三百名あまりを収容する巨大な三兵舎ビルの最上部前部壁面に描き出され、ようやく書き上がった紺色の画面である。

　それは、アメリカの大型爆撃機、コンソリデーテッドＢ24とボーイングＢ17の機影である。

　カラスたちは、この書き上がった機影の意味を解しきれなかった。

　しかし、その機影の裏には、日・米決戦にたいする周到な準備という影が意味深く忍び寄っていたのである。

　すなわち、そこには、すでに大勢の流れとなって現われてきていた日・米決戦への舵が、大きくとられていたのである。

「あれなんだ？　すごい大型機だねー」

「四発じゃーないか」

だれかが、そっと呟いた——石渡だ。

「ボーイングだよ」

と、庄子が言う。

これに合わせるように、隣りにいる上田が、

「ボーイングB17って、すごいんだってよう—、機銃で撃ち抜かれたって、燃料タンクのガソリンが洩れないいんだってね」

さっきの石渡が、

「空の要塞だもんなあ—」

と相づちをうった。

その年、巷では紀元二千六百年で日本国中がお祝い気分で沸いていた。

その祝典が全国各地で繰りひろげられ、長期化した支那事変の気分を吹き飛ばすかのような空気に変わりつつあった。

そして、「米・英、断平討つべし」の声が充満していた。

そのような中で、前面に描かれたアメリカ大型機の画面に見られるように、今後の戦勢は航空戦に移り、日・米もし戦えば航空戦が主力になるであろうという空気に、指導方針が変わりつつあり、この画面がそのことを予言していたのかも知れない。

しかも、それを決定的に裏づけるかのように、今年から航空兵の入団が急激に増加していた。

九コ分隊を収容する新しい八兵舎をほとんど一杯にするほどの数で、一千七百名にものぼる兵員であり、兵科につぐ大量の入団であった。

こうして、海軍の戦略も、巨大戦艦の砲撃による海戦から、飛行機による航空戦に変針をはじめていた。航空戦への黎明である。

このころ、アメリカでは日本を標的にした、太平洋を西に進攻するオレンジ作戦計画が、ほぼ完成に近い状態になっていた。これでは、いつか衝突することは目に見えていた。

アメリカと日本は歴史的には友好関係を保っていたが、今日に至っていつの日にかは日・米あい戦うであろうことは、国民の間でも予感されていた。

そして、その決戦の主力となるのは、海軍では航空戦であろうこと、それを予想していたのは連合艦隊司令長官である山本五十六中将であった。

しかも、その航空戦ともなれば短期決戦である。このことは、陸海軍首脳会議で意見をもとめられたとき、

「一年や一年半は、せいぜい暴れまわってみせますよ!」

と言っていた、その発言にもよく現われている。

そこには、アメリカの国力を認識するという点で、海軍と陸軍との間には作戦計画の大きな隔(へだ)たりがあったのではないだろうか――ここに、日・米決戦の舵取りの難しさが最初からあったのである。

このころ、わが国はすでに国際連盟を脱退し、ワシントン条約も切れ、五・五・三の対米

英軍艦保有比率もなくなっていた。

呉海軍工廠のドックでは巨大戦艦「大和」が、三菱長崎造船所の船台ではおなじく「武蔵」が、そして横須賀海軍工廠小海の六号ドックでは、「信濃」の龍骨（キール）が秘密裡に敷かれていた。

しかし、ここには大きな矛盾があった。

というのは、向後の海戦の趨勢が航空戦に移ろうとしているというのに、行き掛かりで巨大戦艦の計画は大きく変針できなかったということである。
それが、日本海軍の舵取りの大きな遅れと矛盾の原点になるのである。
だが、それも巨大化した日本海軍では急激な変針は、事実上としても困難であり、行き掛かり上、そのまま巨大戦艦建造工事は突進してゆくのである。
この矛盾を裏づけるように、「大和」「武蔵」という巨大戦艦はあいついで竣工し、連合艦隊に就役するとともに旗艦となるが、ついに特筆するような戦果は挙げられなかった。「武蔵」は、レイテ海戦で敵グラマン機の猛攻を受け、シブヤン海の海底深く沈み、「大和」は沖縄戦に出撃中、これも敵機の猛攻の前に撃沈されている。

また、「信濃」は途中、空母に改造され、昭和十九年十一月十九日に竣工。二十八日午後六時、呉海軍工廠に回航されるため、特攻機桜花五十機を積んで横須賀を出港。その護衛のため「浜風」「磯風」「雪風」の第十六駆逐隊がついたが、二十九日午前三時すぎ、浜名湖南方海上を航行中、敵米潜水艦「アーチャーフィッシュ」の魚雷攻撃を右舷に四本受け、八時間後の午前十時五十六分、和歌山の潮岬南方四十八キロの地点でついに転覆し、沈没してしまった。短命な空母であった。

同時に建造が計画された四番艦「紀伊」は、呉四号ドックで建造することになっていたが、キールが敷かれて間もなく、建造が中止され流産となり、日の目を見ることはなかった。

## あこがれの連合艦隊

昭和十五年五月に入り、横須賀の町にも若葉が目につくようになってきた。

横須賀海兵団の卒業を間近にひかえた「カラス」（四等水兵）の軍団が、白い脚絆に足もとを固め、小海の海岸に向かって、埋め立ての草の生い茂るでこぼこの草原をいっせいに走っていく。

はるか彼方の海岸線に向かって、埋め立ての土を運ぶトロッコが、コトコトと走っているのが見える。

朝の課業始めの整列が終わり、今日は朝から艦隊のカッター競技の見学である。しばらくぶりに、のんびりとした日課で、みな元気に走る。

威勢のいい三教班長が、白い脚絆に上着を左手にかかえ、右手には手旗信号用の二本（赤、白）の旗を高く振りかざしながら、勇ましく先頭を切って走っている。

カラスの軍団兵科分隊の二千八百名は、われ先にとこれにつづいて走る。目標は小海海岸である。

二十五分隊・石渡分隊長、田村分隊士は、うしろからゆっくりと、話しながらついてくる。

「今年は、『山城』が強いらしいよ」

――カッター競技の予想である。

「優勝候補だって言っていたよ」

チョビひげの分隊長・石渡僊吉特務中尉の話しかけに、

「そうですか、『長門』も調子いいなんて話していましたが……」

と、分隊士の田村兵曹長。

「『金剛』もいい選手がそろっているって言ってましたですよ」

後についていた主席下士官の平山一曹が言葉をかける。

善行章四本をつけたこの主席下士官は、上海陸戦隊ウースンの敵前上陸の猛者である。言うこともやることも、すべての動作がてきぱきとしていて気持がいい。銃剣術五段だという。

その前を走っているチョビひげを生やした先任教員が、

「もうすこしだ！　頑張れ！」

と、大声をかけている。

この先任教員は、かけ鉄砲（砲術学校高等科）卒で、優秀な下士官であり、将来は特務士官となり、砲術の指揮をとることであろう。いずれも白い脚絆で足もとをきちっと固めているから、みるからにスマートである。

カラスの軍団の中程を走っている第五教班長の海野万之助二曹が、ニコニコしながら右手に手旗を握りしめて、

「それ行け！」

と、みなに気合いを入れている。

この海野教班長は、機嫌のいいときはジョークなどを飛ばしてなかなか面白いが、すこしでもご機嫌ななめになると手に負えない。

夕食のテーブルの食器などをひっくり返し、さっさと自分は外出してしまい、残された班員たちが食べられなくなってしまうようなことも一回や二回ではない。みな夕食ぬきの腹ぺこで、泣いたものである。

食い物の恨みは恐ろしい——五十五年もたった現在でも、忘れられない。

ようやく初夏の感じられるデコボコの砂地のあちこちに、雑草は生えているものの数日も雨が降らないので乾いている。埃を吹き上げながら、われ先にとカラスたちは走りまくる。

その埋め立ての砂地には、大小の石ころが散乱していて走りにくい。

〝大男総身に知恵がまわりかね〟の、班で一番背の高い関口四水が、いつものそそっかしさ丸出しにして、その石につまずいてすってんころりん——。

「コラー、しっかりせんかい！」

海野教班長が声をかける。

しかし、その眼は優しく笑っている。

「ハイッ」

と、あわてて走り出す。いかにも卒業を間近にひかえたほほえましい風景である。

海岸にたどり着いて、カラスたちが横一線に並んだころは、もうカッター競技ははじまっている。

「あれー、先頭を行くのは『陸奥』じゃあないか」

先任教員が大声で叫んだ。

このころは、カッターのホールには所属の軍艦名が、白いペンキで「ナガト」「ムツ」「ヤマシロ」などと書かれていたので、すぐわかる。

十二丁オールでいっせいに漕ぐカッターは、じつに勇ましい。ついこの間まで、カッター練習で汗を流し、尻の皮をむいて赤くはれ上がり、痛くて泣いたものだ。

それにしても、眼の前を走るカッターの漕ぎ方、オールの動き——見事である。

〝おれたちも、あんなにうまくなれるんかなあー〟……そんな不安が沸いてくる。

小海の海岸から見わたす横須賀港内には、いっぱい軍艦が入港している。

〝軍艦って、ずいぶん大きいもんだなあ〟

と、はじめて目の当たりに見る連合艦隊に、みんな眼を見張っている。

「オイ、あれが『山城』だよ」

と指差して、

「鬼の『山城』って恐いんだから……」

いつもおとなしい隣りの六教班長の吉田伍三郎一曹が、珍しく私たちのほうを見て笑いながら言った。

海野教班長は、その様子をニコニコしながら見ている。

すると、先任教員がその先を指差し、

「あれが『長門』だよ、将旗が上がっているだろう――連合艦隊の旗艦だからね」

「山本五十六長官が乗っているんだよ、ほーら、大きな軍艦だろう。その向こうが地獄の『金剛』だよ」

と言う。なんだか、ドキッとするような話だ。

――横須賀の港には、戦艦、航空母艦、巡洋艦、駆逐艦など、いっぱい入っている。

それぞれ、みな、〝お前たちを迎えに来ているんだよ。そのうち、みっちり教育してやるから……〟と、手ぐすねひいて待っているように見える。

やがて、錨（いかり）のマークを一つつけて、晴れて海軍三等水兵となって乗り組んでゆくであろう――自分は果たして、どの軍艦に乗ることになるのかわからないが、おのずから身の引き締まる思いがしてくる。

左の方向を見ると、小山のような航空母艦が岸壁に横づけしている。

チョビひげを生やした面白い十二教班長が、

「あれが『赤城』だぞー、大きいだろう」

と言う。眼の前に見る空母『赤城』は、本当に鉄の山のようである。

みな、そろそろ帰る準備だ。

「集まれ！」

と、先任教員の号令。海岸をすこし離れた、大きなドックの横の広場に集合する。

「気を付け！　分隊士よろしい」

と、先任教員。軽く答礼した田村分隊士は分隊長へ報告。

石渡分隊長は、

「休め！」

と、一段高い砂山の上から訓示をはじめる。

「お前たち、間もなく乗る連合艦隊が、眼の前で待っている。だれがどの軍艦に乗るかわからないが、よく見ておけ！」

みな、いっせいに海の方向に眼をやる。

じーっと港内の軍艦をひとまわり見渡し、眼を足もとに移したとき、大きなコンクリートの穴がぽかんと口を開けている——ドックだ、なんと大きなドックだろう、いままでの最大の五号ドックの二倍はあるだろう……。

〃いったい、こんな大きなドックにどんな軍艦が入るんだろう……〃そんな思いで、見下ろしていた。

これが日本一の横須賀海軍工廠の六号ドックなのだ。

しかし、だれもそれを口にするものはいなかった。

このドックこそ、「大和」「武蔵」につぐ三番艦として建造される「信濃」が起工されるドックなのだ。もうすでに、そのキールは奇しくも五月五日の卒業の日に敷かれようとしていた。

その「信濃」の運命が、どのようになっていくのか——とても「カラス」の四水に知るよしもないが、なにか、不吉な予感がするような胸さわぎが起きていた。

それは、日・米開戦の予感であるか、それとも、「信濃」の不幸な生涯の予感であったかは知るよしもなかった。

この六号ドックは、現在でもアメリカ海軍横須賀基地として、十万トンクラスの大型空母の修理改造などに使われている。

## 東京奇襲と毛ジラミ艦隊

相手が思いがけないような仕方で不意打ちをするのを奇襲という。この意味からいえば、最初の東京空襲も奇襲であったといえる。

昭和十七年四月二日。重巡二、駆逐艦三、油槽船一をともなった空母「ホーネット」を旗艦とする第十六機動部隊（指揮官、ウィリアム・ハルゼー中将）は、アメリカの西海岸アラメダを出撃した。

その「ホーネット」の飛行甲板後部いっぱいに、東京奇襲のB25爆撃機が搭載されていた。

もともと、アメリカが日本本土を目標とした奇襲部隊の構想は、昭和十六年（一九四一）十二月八日の日本海軍ハワイ奇襲の一ヵ月後の十七年一月十日、すでに計画が立案されていたという。

日本軍は、十六年十二月八日の真珠湾奇襲成功以来、資源確保という目的で南方進出に力をそそぎ、マレー半島上陸、シンガポール攻略、イギリス東洋艦隊主力の「プリンス・オブ・ウェールス」、「レパルス」の二隻を撃沈、ルソン島占領、九龍半島占領、グアム島占領、ボルネオ上陸、ミンダナオ島上陸——翌年一月三日には、マニラ占領と、その勢力圏は、インド洋からニューギニアまで伸びており、戦線は破竹の勢いで進行していた。

このような日本軍優勢の状況下で、アメリカは遠く太平洋をへだてて、日本本土空襲を計画していた。しかし、日本本土、しかも帝都・東京を空襲するということは、アメリカとしても、当時としては容易なことではなかった。

そこで計画されたのが、空母による奇襲作戦であった。

そして、その日本本土空襲に使われる飛行機は、厳選の結果、陸軍の「ノースアメリカンB25」に決定された。指揮官は、ドーリットル陸軍中佐である。

アメリカでは、面目上からも、ハワイ奇襲の対抗作戦として、なんとしても実行しなければならない「東京空襲」であった。

また、ハワイ奇襲からはじまった日本軍の攻勢は、緒戦から連戦連勝でとどまるところを知らず、さらに戦線は拡大していた。

その日本軍の攻勢をストップさせる特効薬は、なんといっても、日本国民に衝撃をあたえることである――というのがアメリカの作戦で、その戦果よりも、日本国民にあたえる衝撃が第一の目的であったといわれる。

それと同時に、反面、アメリカ軍飛行機が日本本土を奇襲したということで、アメリカ国民の意気が高揚するというダブル効果も狙っていたのである。

しかし、当時、アメリカとしては、日本本土奇襲は前記したように、言うは易いが実行するとなると、いくつもの障害が横たわっていた。

アメリカが予想していたところでは、日本海軍は太平洋を東へ五百～七百カイリの警戒網をめぐらしているに違いない――この警戒網にかかれば、日本の長距離爆撃機の攻撃をうけることになる。

そこで、この警戒線の手前から飛行機を発進させることとしか、攻撃成功の手段はない。とはいえ、日本本土にもっとも接近し、五百カイリの手前から発進して成功させたとしても、B25はふたたび空母に帰ってきても、空母の飛行甲板には着艦不可能である。

なんといっても、アメリカは、日本の特攻隊のように体当たり攻撃で玉砕・自爆し、東京を奇襲するというような考えは、根本からない。

いつ、どんなことがあっても、成功したあとは生還することを最優先する。それが可能でなければ、作戦そのものを実行しない。はじめから、なによりも人命をもっとも大切にするという戦法である。

そのほかにも、アメリカの日本本土奇襲には、いくつかの難関が横たわっていた。

まず第一に、どうやって日本の近くから飛行機を発進させるかということである。

太平洋上、島のない中央突破には、空母を使用するしか手段はないが、空母から発進しても、小型機ではとうてい目的達成は困難である。すくなくとも、二千カイリ以上の航続距離を持つ大型の飛行機を使用する戦法しかない。

だからといって、いくら遠くまで飛べたとしても、空母から発進できなければ意味がない。

このような条件で熟慮し厳選されたのが、「ノースアメリカンＢ25Ｂ型」陸軍中距離爆撃機であった。

このＢ25は双発爆撃機で、自重二万五千ポンド、六百四十六ガロンの燃料タンクを装備、航続距離二千百六十カイリである。

爆弾倉、通路、後尾銃座を取りはずしたあとなどに燃料タンクを増設したほか、五ガロン缶十コを積み、千百四十一ガロンを搭載できるようにした。

さらに、爆撃照準器とそれに連動するＣＩ自動操縦装置も取りはずして、二百ポンドほど機体の重量を軽減するなど改良をくわえ、照準器は、低空飛行に合う軽量なものに積み変えた。

このようにして航続距離を伸ばしたＢ25爆撃機は、日本本土に五百カイリまで接近して発進すれば、日本本土を爆撃したあと、中国本土へ直行。中国海岸に近い麗水に着陸し、燃料を補給したあと、重慶へ向かうことになっていた。

これでこのＢ25をなんとか空母から発進する計画は出来上がったが、滑走距離の長い陸上機を空母の飛行甲板から発進させるまでには、強度な訓練が必要であり、並大抵では実現不可能である。

それを任され、実現させるために選ばれたのがドーリットル中佐である。

このころ、日本でも海軍が、アメリカ飛行機の日本本土空襲を警戒していた。けっして、手をこまねいて敵機の来襲を待っていたわけではないのだ。

日本海軍は、すでに開戦前の昭和十六年四月から、五十〜三百トンぐらいの漁船を中心にして、捕鯨船、トロール船、カツオ船など・を徴傭し、二十隻から三十隻ほどで構成した船団をいくつも結成して、太平洋中央部、本土から五百ないし七百カイリの空白の洋上を、北から南へかけて配置し、監視の眼を張りめぐらせていた。

ハワイ奇襲成功の陰に、この監視艇団の警戒が大きく寄与していた。

この監視艇の乗組員たちは、この艇団のことを「毛ジラミ艦隊」とみずから揶揄（やゆ）して、太平洋の哨戒に当たっていたのである。

アメリカの機動部隊が、この監視の目をくぐって日本本土に接近することは、ほとんど不可能に近かった。

その中心となった監視艇は、カツオ船を徴傭したものは、艇首に七・七ミリの機銃一梃を取りつけているだけ――捕鯨船（キャッチャーボート）やトロール船などは、艇首に八センチ砲一門だけで、あとは後甲板に対潜攻撃用の爆雷を数コ積んでいるだけという装備である。

そして、その乗組員たるや、昭和二、三年ごろの徴集、または志願兵で、三十五歳をすぎた下士官や兵が大部分で、そのほとんどが応召された老兵ばかり――若い現役兵は一割にも満たないという状況であった。

そして、無線技師や機関科などには、軍属の乗組員がふくまれていた。

もし、敵の機動部隊などに遭遇すれば、まったくひとたまりもない。一発のもとに撃沈される運命であった。

この監視艇の眼に、アメリカ・ハルゼー機動部隊の姿が映ったのは、昭和十七年四月十八日、〇六三〇（午前六時三十分）。

東京から六百六十八カイリの海上を警戒していた第二十三日東丸の視界に入って来た。

日東丸は、「敵、発見」の緊急無電を発して、乗組員全員はそれぞれの戦闘配置に走ったが、それとほとんど同時に、「ホーネット」の外側を航行していた重巡に発見され、主砲二十センチの砲撃をうけて三分たらずで撃沈されてしまった。

アメリカ側も、日本海軍の監視の網にかかったとなると、すでに緊急無電が発せられていること間違いなしと推定し、日本の長距離爆撃機が発進して攻撃をうけることを時間的に勘案すると、こちらは一日発進を早めなければ危険であると即断し、最初の発進予定地点――

日本本土から五百カイリまではまだ百六十八カイリもあるが、明日までは待つことが出来ない、緊急発進するしかないと決定した。

このとき、日本軍は、第二十三日東丸の無電を受信して、日本本土空襲は、翌十九日になると判断した。

そこに、日・米両軍の大きな作戦の違いがあった。

アメリカ空母「ホーネット」は、日本本土から六百六十八カイリの海上で、艦首を東京に向けたまま、最大戦速に増速した。

風は、季節的に好都合の西風である。

最大戦速で風に向かって走る「ホーネット」の飛行甲板から、ドーリットル中佐みずからがB25一番機の操縦桿を握り、十八日、〇七二五、「ホーネット」を発艦した――日東丸に発見されてから、わずか一時間後である。

一番機の発艦につづき、B25十六機がつぎつぎに発進した（〇八二五までに、全機無事、発進完了）。

ドーリットル中佐の一番機は、発艦と同時に大きく旋回して「ホーネット」の後方につき、東京に針路を向けて最大戦速で突進する飛行甲板に太い白線で書かれている方向にそい、大きく速力を上げ、その針路に向かって飛び立っていった。

このとき、空母「ホーネット」は、まさに、洋上に据えられた〝走る巨大なジャイロコンパスの指針となって、目標である東京を指していたのである。

発艦機はこうして、一番機を先頭にして一列の縦陣となり、日本本土上空に向かって飛びつづける。

一方、〇九三〇――日本の第二十九航空戦隊の哨戒機が、真西に向かうB25二機を発見するが、速力が違うため、まもなく引き離されてしまう。

B25十六機全機を発進させたあと、ハルゼー機動部隊は高速で帰路についた。

一二〇〇（正午）ごろ、日本海軍の監視艇・長渡丸と遭遇。ただちにこれを撃沈する。このとき、ハルゼー機動部隊は、沈みゆく長渡丸から乗組員一名を救助し、捕虜とする。

このように、太平洋戦争緒戦の連戦連勝の栄光の陰に、本土を離れた七百カイリの太平洋上にあって、無防備にひとしい状況で苦闘をつづけ、国に殉じた監視艇隊「毛じらみ艦隊」の姿があったのである。

無力のこれら小艦艇は、敵艦隊に遭遇したそのとき、敵発見の無電を打電するだけの任務遂行で、あとは情け容赦なく撃沈されてしまう――乗組員たちは、死を待つだけの消耗品的存在であった。

こうして「ホーネット」を発艦したB25十六機は、ドーリットル中佐機を先頭にして、つぎつぎと日本本土上空に侵入した。

それも、上空四千メートルから五千メートルで待ち伏せしていた日本の迎撃機の裏をかいて、地面すれすれという超低空での侵入であった。

侵入と同時に爆弾を投下し、ソ連のウラジオストックに不時着した一機をのぞいて、その

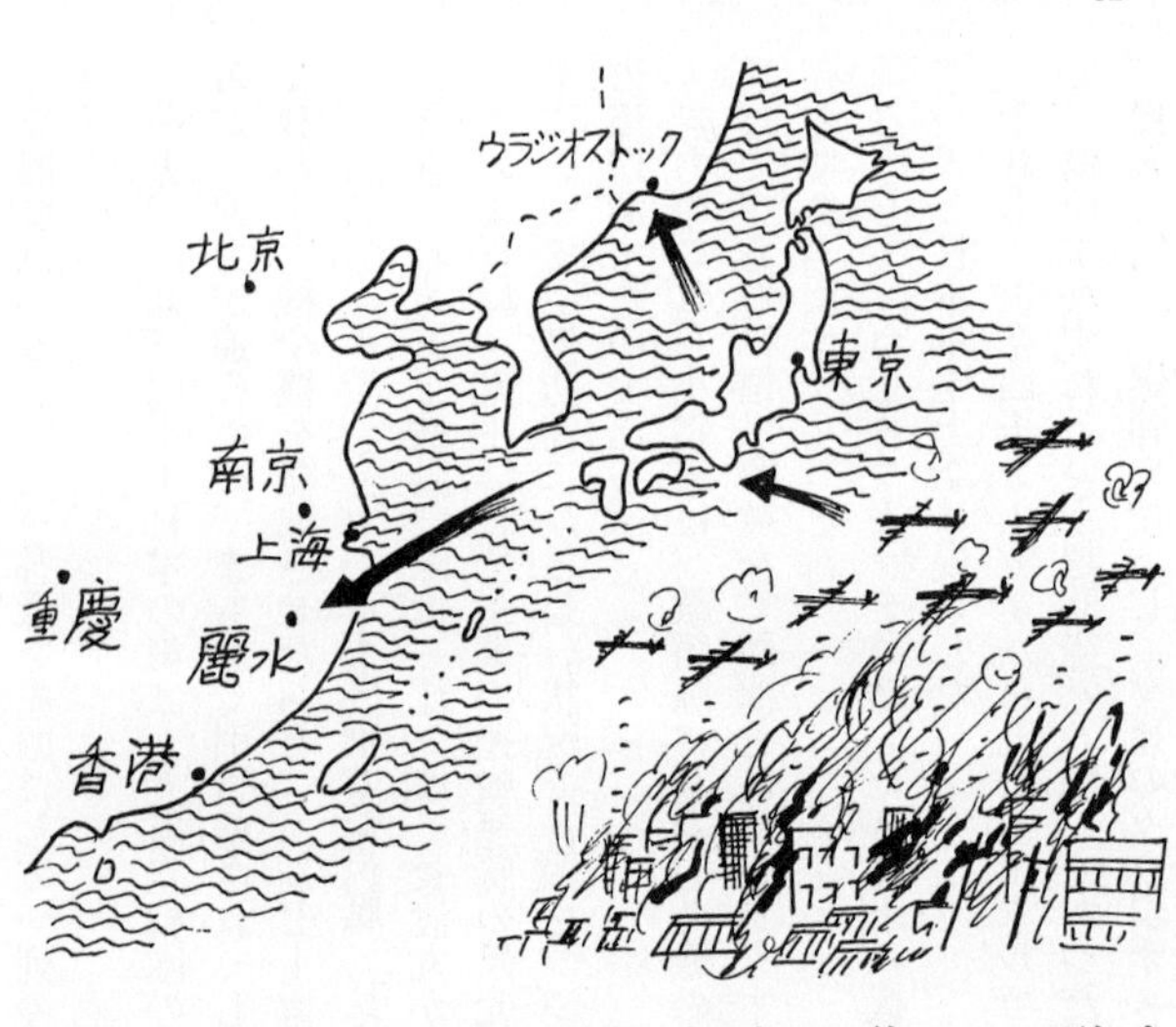


まま、全機、計画どおり中国の沿岸上空に到達した。

麗水に着陸し、燃料を補給したあと重慶に向かう予定であったが、前途には苦難が待ちうけていた。

——何機かは計画どおり飛びつづけ、とくに一番機のドーリットル中佐機は、先陣を切って日本爆撃を完了したあと、中国を経てアメリカに帰着。陸軍少将に進級。その後、爆撃に参加した部下やその遺族たちへの援助や助言を最後までつづけ、その行動には部下を思う真実が漲（みなぎ）っていたといわれる。

奇襲参加のB25十六機、八十人の搭乗員たちに関していうと、その大部分は生還することができた。

この日（四月十八日）、午後十時ごろ麗水付近の上空に到達したものの不時着し、日本軍の手に落ちた隊員もいた。日本側では、四人を捕虜にしたと発表した（ドーリットル隊の搭乗員は、八名が捕らえられ、三名が死刑、一名が獄死した）。

パラシュートが開かず、そのまま墜死した者もあり、ソ連に抑留された一機を入れて、隊員八十名のうち十一名が死亡、あるいは捕虜となった。

しかし、ウラジオストックに着陸した一機とその乗組員をのぞいて、十六機のうち十五機、隊員八十名のうち七十五名は、とにかく中国本土上空に到着した。

攻撃中、撃墜された飛行機はゼロである。これは奇襲というより強襲というべきであり、アメリカの日本本土空襲は、成功であったといえる。

この奇襲作戦によって日本がこうむった総被害は、日本側の公式記録によれば、死者約五十名、負傷者約四百名、全壊・全焼家屋百余戸、半壊・半焼数十戸。

ワシントンは、この日本攻撃を「パール・ハーバーとバターン死の行軍にたいする回答である」と発表、さらに、「これは、大いなる報復の第一歩にすぎない」と付け加えた。

この東京奇襲が日本国民にあたえた衝撃とは逆に、アメリカ国民の士気を高揚させたことは大きい成果であった。

これは、アメリカにとっては作戦舵取りの大成功であったといえるかも知れないが、逆に、日本海軍にとっては、燈台もと暗しということで、足元の弱さを露呈するところとなり、これが連合艦隊司令長官・山本五十六大将のミッドウェー作戦を急がせ、失敗の原因になったといえるのかもしれない。

もし、ミッドウェー海戦を急がず、山口多聞少将具申の意見を入れて練り直し、三つの機動部隊に編成がえしていたらと悔やまれる。

急がば事を仕損じるというが、やはり、東京奇襲は、日本の運命を大きく変針させることになったといえる。

## 超弩級艦の建造計画

もし、太平洋戦争のはじまるのが、五年、いや三年遅れていたとしたら、日本海軍はどうなっていたであろうか。

——開戦をきっかけに、艦隊による海戦から航空戦が中心にと、戦争は急速に変化をきたしていた。

昭和十五年五月四日、横須賀海兵団の卒業を間ぢかにひかえ、六号ドックの存在をはじめて知ったが、その大きさは世界に類をみないほどに巨大なものであった。

そこでは、「大和」「武蔵」につぐ巨大戦艦の三番艦である「信濃」が、いままさに起工されようとしていた。

このとき、大艦巨砲主義の海軍軍令部の計画は、一番艦の「大和」が昭和十二年十二月十六日に起工。すでに呉海軍工廠の四号ドックで、三ヵ月後の進水を待つばかりであり、二番艦の「武蔵」は十三年三月二十九日起工、三菱長崎造船所でその進水を半年後にひかえていた。

ここ横須賀六号巨大ドックでの三番艦「信濃」も、この五月五日に起工されるのである。

さらに、これにつづく四番艦「紀伊」もまた、呉の四号ドックで起工されることになっていたのである。

太平洋戦争の開戦が五年遅れていたとしたら、おそらく四番艦まで完成し、「大和」「武蔵」「信濃」「紀伊」という巨大戦艦四隻で第一、第二戦隊を形成し、あるいは、連合艦隊の主力として、洋々たる太平洋を航行していたかも知れない。

しかし、その夢はハワイ奇襲による開戦で、意外に早く破られることになる。このハワイ奇襲における航空戦の大戦果が、急速に航空戦がその後の戦争の花形、第一線となる転舵への決定的なきっかけになったのである。

その結果、大艦・巨砲による海戦は、飛行機による航空戦へと急速に変針することになる。

したがって、進水し、完成間近い一番艦

「大和」と、進水間近にひかえた二番艦「武蔵」はそのまま、戦艦として就役することになるのであるが、まだ工事半ばの「信濃」は工事の進行を中止されるような形になり、巨大なドックの中で鉄骨は錆(さび)ついた状態のまま、工事は遅々として進行しない、という状況がつづいていた。

……つまり、戦艦のまま進行させるか、または、空母に改造するかと、迷っている段階であった。

その硬直状況が急速に変化したのは、ミッドウェー海戦で、「赤城」「加賀」「蒼龍」「飛龍」という日本海軍の虎の子ともいえる主力航空母艦四隻を失い、大敗北を喫したことが原因となる。

この大敗北で主力空母四隻を失ったことにより、軍令部では、遅々として工事の進まなかった六号ドックの「信濃」を、急速に空母完成へと急がせることになった。

この間、私たちも横須賀港に入港するたびに、小海の六号ドックの方向を眺めて、あの巨大戦艦の三番艦はどうなっているのだろうと、たがいに囁き合っていたものである。

このとき、大本営はこのミッドウェー海戦の予想外の敗北、ならびに四隻の空母を失ったことに大慌てし、その大敗北を大戦果として発表した。

すなわち、昭和十七年六月十日午後三時三十分、ミッドウェー沖大海戦にて、アメリカ空母二隻(「エンタープライズ」と「ホーネット」)を撃沈し、飛行機百二十機を撃墜した。わが方、二空母、一巡洋艦に損害あり……と。

　しかし、実際に四空母を失ったことによって、その失った穴うめをするため、工事が中断状態になっていた第一一〇号艦、つまり、「信濃」は空母へ改造することが決定され、急速に航空母艦「信濃」として完成させるための突貫工事がすすめられた。

　この「信濃」の改造は、巨大戦艦としての設計からの大改造であり、正式空母の「翔鶴（しょうかく）」や「瑞鶴（ずいかく）」と異なるところが多かった。

　すなわち、その船体の構造により、重量そのものが過大であり、航空母艦としてもっとも必要とされる三十三ノット以上の高速を出すことが出来ない。

　そこで、他の空母と異なる構想によったものとして、他空母への洋上前進補給母艦としての役目を果たすことになった。

　船体が巨大戦艦大和級の強靭な防御力ということで、それを利用して前線に進出させ、攻撃から帰還してきた他空母機を収容し、補給させて再出発させる、という移動基地としての役割を果たさせるものであった。

　このことにより、攻撃距離を大きく短縮させ、そのぶん、回数を増加させることが出来ることによって、空母機動部隊の攻撃力を増強させようとしたものであった。

　こうして、空母に改造された「信濃」は、十二・七センチ連装高角砲八基・十六門、二十五ミリ機銃三連装三十五基・百五梃、二十五ミリ単装機銃三十五基・三十五梃、十二センチ八連装噴進砲（ロケット式）十二基・九十六門を装備し、対空戦闘には万全と思える備えをととのえていた。

空母「信濃」
6万2000トン

この太平洋戦争において、以上のように航空機の果たした役割は、海戦の面でも非常に大きかったが、潜水艦の活躍が、案外に忘れられている。

とくに、正規空母の被害にいたっては、甚大なるものであった。すなわち、マリアナ沖海戦の空母「大鳳（たいほう）」「翔鶴」「飛鷹」（改造空母）の三隻をはじめとして、レイテ沖海戦での重巡「愛宕」「高雄」「摩耶」などの被害、それに、台湾海峡においてアメリカ潜水艦「シーライオン」の雷撃で撃沈された戦艦「金剛」などである。

また、油槽船団などの敵潜水艦による被害もいちじるしく大きかった。

空母艦隊などの場合、敵潜による魚雷攻撃にたいしては、無力にひとしかった。

たとえば、巨大戦艦改造の空母「信濃」にしても、いかにも大きなバルジをつけて安全なように思えたが、水線下三メートル付近には、無防備に近いといっていいほどのアキレス腱があった。

　空母に改造されたとはいえ、艦名が示すように「信濃」は「国」の名前をつけていて、設計ははじめから戦艦であった。

　したがって、搭載機の数からいっても、正式空母として誕生した「瑞鶴」「翔鶴」などは八十四機であったが、「信濃」は四十七機とすくなく、半数に近い数であった。

　まして、最高速度は二十七ノットで高速は出せず、航空戦隊として敵機動部隊と渡り合うというより、前進基地としての役割が適していたといえる。その飛行甲板は、七十五ミリと厚い防御甲鈑が張ってあった。しかし、時すでに遅く、その実力を発揮するまでにはいたらず、その生涯を終えることになる。

## 米飛行艇捕虜八名収容

　昭和十七年九月九日午後三時三十分。「愛宕」など第二艦隊の主力は、トラック島の基地を出撃した。

　これ以前、すでに第二艦隊は、アメリカ軍がガダルカナル島近くのフロリダ島のツラギに反攻の第一撃を仕掛けて来たというので、瀬戸内海からトラック島に向かって急行していた。

　今度は、南太平洋海域への二回目の出撃である。

その第一回目は、八月二十四日午後七時にトラックを出撃、九月五日午前十時十四分に帰投したもので、この十日間あまりの間に、第二次ソロモン海戦が戦われ、「愛宕」も海戦にくわわって、数回にわたってアメリカ機の爆撃をうけた。

八月二十五日には、水上偵察機が素敵に飛び立ったままついに還らず、九分隊の足立、中村の両飛行兵曹長と、池田二等飛行兵（のちの上等飛行兵）の三名の戦死が推定されている。

この第二次ソロモン海戦では、わが方の空母「龍驤」が撃沈され、ガダルカナル島の陸上における戦闘も、思うにまかせぬ成り行きであった。

今回の出撃では、はじめから敵大型飛行艇の触接に悩まされた。

情報によれば、ニューカレドニア島のヌメア、サンタクルーズ諸島のヌデニ、ニューベライズ諸島のエスピリッツサントなどを基地として飛来する敵哨戒飛行艇であり、これらに終日、つきまとわれていた。

赤道を越えて南下するようになると、それがますます積極的になり、その敵飛行艇は、わが艦隊の前方、あるいは後方と、水平線の彼方から雲の陰に見え隠れしつつ、しつこくつきまとってきた。

これらの敵大型偵察機のつきまといには、味方もほとほと悩まされつづけ、まったく辟易していた。

この小憎らしい敵飛行艇を、一刻も早く叩き落として、すっきりしたいものとみな考えていた。

しかし、敵は巧妙にわが方の攻撃射程圏内には入ってこないで、つねに、遠方の水平線上を飛行している。

このような状況のもと、トラック島の基地を出撃してから三日目、九月十一日昼すぎのこと、わが水上機母艦国川丸の水上戦闘機が、アメリカ海軍PB2Y哨戒飛行艇と遭遇し、空中戦の結果、敵機のエンジンを射ち抜き、アメリカ機は海上に不時着した、という通報が入ってきた。

第二艦隊司令部は、ただちに、不時着地点にもっとも近い海面を進撃中の駆逐艦「村雨」にたいして、現場に急行し、敵機のパイロットを捕獲するよう命じた。

当時、信号員でつねに艦橋にあって、伊集院艦長の伝令であった高橋武志上曹の日記によれば、「一三三〇発進し、一五三〇帰投した水上偵察機の報告によれば、不時着したアメリカ敵大型飛行艇搭乗員を捕虜として、駆逐艦『村雨』に収容した」という。

間もなく、「村雨」より、「捕虜八名を収容中、いまより送る」と信号が入る。

南太平洋の海を紅く染めた夕焼け雲が、西の空から広がりはじめ、水平線に夕日が沈みかかり、薄暮が南海に訪れようとするころ、「村雨」の小型内火艇に乗せられたアメリカ軍飛行艇の捕虜八名が、「愛宕」の後甲板に引き上げられてきた。

腕に負傷している下士官一人をのぞいて、あとの七人はみな元気な足どりで、後甲板に上がった。

この捕虜八名は、そろってみな背が高い。頭髪を伸ばし、立派な体格の者ばかりである（このころ、日本海軍の下士官や兵はすべて丸がり頭であり、士官でもほとんど長髪はいなかった）。

彼らは「村雨」で脱がされたのか、ランニングで半ズボン、機長だけが長ズボンという姿である。

――大艇一機の搭乗員であろう。大尉一名、少尉二名、下士官五名だという。

この捕虜にたいする「愛宕」側の責任者は、衛兵司令の第三分隊長・湯川興三大尉にきめられる。このことが、これからの不思議な運命へとつながっていくことになるのであるが、神のみぞ知るである。

――八名の捕虜は、湯川大尉の命令で後甲板に整列させられた。

このとき、後甲板には、八名の捕虜たちを遠巻きにして、手空きの非番直の兵たちが多勢、集まっていた。

開戦以来、はじめて目のあたりに見るアメリカ敵兵の姿に、それぞれさまざまな感慨をこめて眺めていた。

黙って、きょとんと見つめている者、小声で囁き合っている者など、いろいろの表情をみせていたが、なかには我慢できないというように、

「畜生！　叩き殺してやりたいなあ」

などと、怒りをあらわにして、興奮のあまり大声を発する者もいる。

「そうだ！　そうだ！　こいつらにうちの水偵もやられたんだ」

「足立兵曹長、中村兵曹長、そして池田二飛の仇だ！」 

「こいつらに殺されたんだ」

「憎い野郎どもだ！　畜生！」

このような、飛びかからんばかりの敵愾心と、軽蔑をむき出しにした周囲の声が、捕虜たちを取り囲む円陣のあちこちから聞こえてくる。

この日、八名の捕虜たちとともに、第十四航空隊の搭乗員六名も収容した。

この十四空の搭乗員たちは、九月二日、シ

ヨートランドより大艇で索敵に向かったが、途中で敵機に発見され、空中戦のすえ、損傷して不時着した。海上を漂う大艇は、さらに敵機の爆撃をうけて炎上した。

搭乗員たちは、付近の小島に泳ぎ着いたのであるが、九名のうち三名戦死、六名だけが生きのびて、小島の住民たちとともに生活していた。

九月十日、国川丸がその小島の付近を航行しているのを発見して、あらんかぎりの大声を張り上げて呼びかけ、やっと救助されたのである。

一方、艦上では、乗組員たちが敵意をあらわにして騒いでいるというのに、捕虜たちは案外、キョトンとした顔つきで平気な様子を見せている。

言葉は通じないようであるが、もともと、捕虜にたいする考え方が、日本とアメリカでは全く違っているのだ。

捕虜は最大の英雄として扱われるアメリカ兵にしてみれば、なにも恥じることはない。そう思っているのであるから、平気でおれるのであろう。

わが方の乗組員も、いくら興奮したとしても、軍艦の規律というものがあり、いくらなんでも勝手に手を出すことはできない。彼ら捕虜たちも、規律によって守られているわけである。

捕虜たちの顔には、とくに恐怖とか悲壮感といったものはみられず、彼らは国際法上の捕虜というみずからの現在の身分に安んじているようにみえる。

そして、一応の点検が終わると、捕虜たちは一人一人、べつべつの個室に拘置されることになった。

　軍艦の戦闘に支障をきたさず、警備上の問題もない場所としてきめられたのが、上甲板の水雷科、運用科の倉庫と、主計科の野菜倉庫であった。

　一人一人の捕虜について拘置場所を指示し終わって、湯川衛兵司令は、

「よし、かかれ！」

と、先任衛兵伍長に命令した。

　こうして、捕虜たちは、それぞれの場所へ衛兵によって連れて行かれた。

## 捕虜尋問と機長

「総員手を洗え」

　舷門から響いてくるマイクの流れに合わせるように、号笛を吹きながら走る伝令の声が、潮風にのって上甲板からハッチを通して艦内へ伝わってくる。

　当直伝令は、前甲板から魚雷発射甲板をぬけて飛行甲板へ、そしてその足は、またたく間に後甲板に達する。

　これは、乗組員が待ちに待った、食事準備の号令である――若者たちは、猛訓練で腹ぺこである。

　食卓番の動きが、いっせいに活発になってくる。

魚雷発射管室入口のところにある水雷科倉庫の扉が、三人の衛兵によって開けられる。その兵の後に、主計科分隊の主計兵が両手で持った金のお盆に、乾麵麭と丸煮のじゃが芋の入った白い皿と、青い兵食用の湯呑みを乗せて、捕虜の食事を運んで来た。

昨日の夕方、「村雨」から収容した八名のアメリカ飛行艇の捕虜たちの食事である。

捕虜の食事は、乗組員の下士官、兵の食事と同一のものを支給することになっているが、嗜好の相違を考慮して、献立は適当にあんばいするようにしている。

日本軍の兵食をそのまま支給しても、アメリカ人捕虜は、なかなか食べようとしないので、工夫してつくってみたわけである。――ミルクをつけたら、結構、喜んで食べていた。

第二艦隊司令部要員もふくめた「愛宕」の乗組員は、全部で千二百名あまり。下士官や兵たちは、この食事で満足しているわけだ。

なんといっても、長い戦闘航海では、野菜のないのには閉口する。応急用に飛行甲板などに山積みされている玉葱などを「ギンバイ」して千切りにし、これも「ギンバイ」した味噌でいかにもおいしそうに食べている。

古参兵ともなると、なかば公然である。航海中にあっては、この野菜と水は欠かせない貴重品である。

――水雷科倉庫の鍵がはずされ、先任伍長の手によって扉が開けられる。

両方の手と手のひらを合わせて合掌させ、手首を麻縄で結わえられた捕虜が、通路の片側に寄せて置かれた木箱に腰を下ろした。

　そして、手首の縄が解かれると、首を斜め上にまわして見上げながら軽く会釈し、烹炊員の手から皿と湯呑みを乗せられた盆を受けとり、足元の甲板に置く。

　着剣した小銃を小脇に引きつけた若い衛兵が、緊張した顔つきで、捕虜の背後に立って警戒する。

　すべてが、無言の動作である。

　捕虜の髪の毛は、七三に分けた跡も乱れたブロンドで、頬のこけたやや面長な顔、青い瞳と端麗な形の良い鼻を配し、伸びかけた髭（ひげ）が赤味をさした頬を覆うような形になって生えている。

　がっちりとした広くてたくましい肩をおおうカーキー色の上衣は、油と汗に汚れて、その胸元には薄黒くなったシャツがのぞいて見える。

　また、長い脛をつつむ汚れたズボンの裾

とスリッパで、足はほとんど隠れている。このスリッパだけが、昨日の夕暮れ、捕虜が「愛宕」に移されてからあたえられた唯一のものである。

この捕虜が、不時着したアメリカ飛行艇の機長であるクラーク大尉である。

「機長の大尉です」

そばにいた先任伍長が、さきほどから近づいていた今村主計長に報告した。

これを機会に、英語の堪能な主計長が、親切な尋問を行なうことになる。それは人格を尊重した丁重なものであった。

この捕虜尋問は、アメリカと日本では根本的に違っていた。その違いは、後述する、サイパン玉砕のときの日本兵捕虜にたいする巧妙な尋問でもわかる。

無理になにかを吐かせようとする犯人的扱いのやり方では、けっして通じない者もいる。クラーク大尉が、その代表的な人物であった。

「あの世で会いましょう」などといった調子で、機密についてはいっさい、語ろうとしない。

そこで、いらいらした衛兵司令の第三分隊長・湯川大尉が腹を立てて、かなり強くなぐったようである。

殴られてしゃべるようなら、はじめからしゃべってしまう。他の若い士官や下士官は、なんでもすらすらしゃべったようである。

しゃべればなぐられることもない。当時の状況としては、捕虜にたいする日本とアメリカとの考え方の違いである。

## 主計長とクラーク大尉

今村主計長の特別尋問がはじまった。

特別というのは、本来、尋問は衛兵司令が中心で行なわれ、下士官については、先任衛兵伍長が受け持つからだ。

今村主計長は、東大卒で英語が堪能だというので、当人の希望もあって特別に尋問を行なうことになったのである。

「君の名は、なんというのか」

魚雷発射管室の狭い通路に、二人は膝を触れんばかりにしゃがみ込んだ。

魚雷発射管の窓から、後ろの入口のハッチの方に、微かに風が流れてゆく。

主計長は、問いかける。

捕虜のアメリカ兵は、震える指先で爪楊枝をつまみ、静かに皿のジャガ芋にその一本を突き刺した。

捕虜は、無表情な顔を上げると、

「C・H・クラーク大尉、CLARK」

と、低いがしっかりした声で答えた。

昨夜から、もう何回も尋問をうけているので、おそらく彼は「愛宕」に移されてから聞く何度目かのおなじ質問にたいして、機械的に答えたのであろう。

「君は米飯を食べられるかね」

「ノー、食べられない」

と、ゆっくりと首を振った。

「日本人は米が主食だから、米飯を食べないと、きわめてすくない量になるが……」

「馬鈴薯で充分だ」

と答えた。

このとき、クラーク大尉の表情にわずかに変化が感じられた。

「君は士官か」

と、今度はクラーク大尉から反問してきた。

「そうだ、主計長だ」

「主計長……」

うなずいたクラークは、

「階級は?」

と、第二の問いをした。

「主計大尉だ」

クラークは深くうなずきながら、自分とおなじ階級にすこし親しみを感じたのか、今村主計長の防暑服の襟についている階級章に眼を向ける。

今村主計長は、捕虜といえども、国際法にもとづいて乗組員と同一の食事をあたえるよう主計科に命じてあるが、

「日本食は口に合うまいし、うまくないと思うのだが……」

と、話しはじめると、

「いや、これで充分だ」

主計長がつぎの言葉を英訳するのに言いよどんでいる間に、クラーク大尉は皿を指して答えた。

「馬鈴薯と乾麵麭と、どちらが良いか」

「馬鈴薯が良い。これだけで充分だ」

「そうか、それなら、このつぎから馬鈴薯をもっと多くしよう」

「いや、腹がすかないから、二、三コで充分だ」

今村主計長はうなずいた。

しかし、この会話の間、クラークは手にした皿の馬鈴薯にも、また、湯呑みにも口をつけていないのに気づいた。

「食べたまえ」

クラークは、ゆっくりと馬鈴薯を口の中に入れた。

主計長も、会話で食事をさまたげるのも気の毒だと思って、ひと息ついて周囲を見まわすと、いつの間にか、二人のまわりには、下士官や兵たちが七、八名、さらに、士官も何名か集まっている。

その人たちは、無言で二人をのぞきこみ、会話を聞いていたのだ。

なんだか、人の輪にかこまれて、ちょっと緊張する思いである。

今村主計長は、昨日の夕方、クラークたちがはじめて「愛宕」に移されて来たときに聞いた乗組員たちの激しい敵愾心と叫びを思い出した。

いま自分たちが交わしている二人の会話は、彼らにはよくわからないかも知れないが、打ち解けた二人の会話や態度に接して、彼らの敵愾心もすこしは和（やわ）らいだのだろうか、みなひと言も声を出す者はいない。

むしろ、安心したような顔になっている。

このとき、今村主計長の頭の中には、不思議にも、「ジュネーブ条約」のことが浮かんできた。

今村がこの開戦を知ったのは、昭和十六年十二月三日、台湾の馬公であった。

伊集院松治艦長から、十二月八日を期して、日本の機動部隊のハワイ奇襲をもって戦いは開始される——と告げられた。

なぜかそのとき、この奇襲に疑問を感じたものである。

今村はいま、そのとき、士官室で第二艦隊司令部の田中機関参謀との言葉のやりとりを思い出していたのである。

「奇襲をもって開戦するのは、国際法上、違反するものではないか」

という今村の発言にたいし、田中参謀は、

「日本はいつも、先制奇襲をもって開戦に成功している」

「日露戦争の仁川沖海戦も、開戦通告より先だ」

と言う。

なんだか納得しがたい後味の悪さを残すやりとりであったことを思い出し、クラーク大尉たちの収容時の一部の兵たちの態度と合わせて、不思議な感覚を味わっていた。

――それは、国際感覚の違いであったのかも知れない。

## 大和魂とヤンキー魂

捕虜から得る情報というものは、貴重である。それが、士官室など、機密を知ることが出来る立場の人物であれば、当然である。

このころ、アメリカのエセックス型新鋭航空母艦が、いつ就役するかという情報は、日本海軍としては、のどから手が出るほど知りたいことであった。

衛兵司令の湯川大尉は、尋問の中でこれを強く詰問（きつもん）したが、クラーク大尉はがんとして答えなかった。

すらすらと答えたほかの二人の少尉や下士官たちの尋問では、ずっと先のことではないかということであった。

ところが、毎日のように打ち解けた状況で、尋問するというより話をするというような主計長であり、ときには夜など、自室に招いて語り合うといった主計長には、クラークも思わず、口を開いてしまい、エセックス型新鋭空母の就役は、

「もう、間もなくでしょうね」

と、答えた。

このひと言は、重大な結果をクラーク大尉におよぼすことになる。

アメリカが建造中であるこのエセックス型の大型航空母艦が、いつ就役するのか、日本の艦隊司令部ではその情報を欲しがっている――主計長は、軽く切り出してみた。

「ところで、アメリカはエセックス型新鋭空母を建造しているそうだが、もう就役したのか」

「いや、まだ就役はしていない。しかし、きわめて近い将来、完成すると聞いている」

クラーク大尉は、なんのためらいもなくそう答えた。このひと言が、彼の運命を決するとも知らずに……。

衛兵司令の最後の努力と厳しい尋問のときには、かなり強い体罰もあったにもかかわらず、ヤンキー魂で答えなかったクラーク大尉が、なぜかすらすらと話してしまった。

まさに、太陽と北風のたとえ話のようである。

しかし、このクラークの発言は、一つの騒動となる。

というのは、尋問の直接の責任者である衛兵司令の湯川第三分隊長の手もとでは、捕虜から得た情報として、すでに一括整理して艦隊司令部に提出してあった。

その内容は、捕虜より得た情報によれば、

「エセックス型新鋭空母の就役は、たぶん、先のことになる」

というもので、それは艦隊参謀長名で、大本営宛に報告されている。

それは、クラーク以外のほかの少尉二名と下士官らから得た情報であった。

そこへ、クラーク機長からの「就役近し」という情報であったから、当然のように、艦隊参謀長名で、「前電訂正」ということになった。

これでは、衛兵司令・湯川大尉の面目をつぶすことになり、心証をいちじるしくそこなう結果となった。

「あの捕虜の機長の野郎め！」

という気持に三分隊長（衛兵司令）がなったとしても不思議ではない。

なんといっても、ハワイ奇襲とマレー沖海戦で示した驚異的大勝は、これからの海戦が飛行機中心になり、最大の主役であるということを立証したのであるから、このとき、敵の大型空母就役の情報は、艦隊司令部にとっては、第一級の情報であった。それにけちがついたことになる。

　こうして、数日がすぎ、作戦は終了。九月二十四日、トラック基地に帰投することになった。

　その日、士官室で副長が三分隊長に、

「三番、明日、トラックに入港したら、捕虜は『大和』へ送る。GF（連合艦隊）司令部から命令だ」

　と告げた。

　連合艦隊司令部では、みずから直々に調べようというのであろう。

「総勢八名だったな。入港したら、すぐにこちらから『大和』へ送るよう、準備しておいてくれ」

　副長は、かさねて指示した。

「はい、わかりました」

　三分隊長は答えた。

　ここで、連合艦隊司令部に引き渡されれば、彼らは国際通念にくわしい最高司令部により、紳士的な尋問と取り扱いを受けられるであろうと、みな思った。

　ところが三分隊長は、副長の了解を得るためか、耳打ちをした。

「衛兵司令として、捕虜についての所見をつけてやるということになった」

　と、発言した。

この士官室での所見とは、
「あの捕虜は、厳重処分しなければならない。艦のとくに、あの大尉の機長はそうである。艦の機密も充分知ったし、とりわけ、わが新鋭空母の『翔鶴』や『瑞鶴』の艦隊行動も身近に見た。そういう者を生かしておいては、ためにならないと思う」

三分隊長の語尾には、詠嘆調の響きが感じられた——なんの動揺であったのか。

しかし、この決定が、一人のアメリカ軍大尉の運命を決することにつながるであろうことは、だれにもわからなかった。

一方、クラーク大尉の方も、アメリカや戦友、国民に不利益になるようなことは死んでも言わない、という信念をまげなかった。これはまさに、ヤンキー魂というべきである。

尋問で攻める衛兵司令が大和魂であれば、尋問をうけて節を守るクラーク大尉もヤンキー魂である。

——国を代表する二つの魂のぶつかり合いであった。

九月二十日、一〇四五。「愛宕」はトラック港に入港。静かな夏島錨地のブイに繋留された。

この入港を、「大和」艦上からいつものように、山本五十六連合艦隊司令長官がこっそりと出迎える。

入港ももどかしく、「大和」に向かって水煙りを上げ、急ぐようにして走って行くランチ――その中には、捕虜たちが八名、もちろん、機長のクラーク大尉も、間違いもなく乗せられていた。

それから幾日かすぎてからのことである。

クラーク大尉が、トラック環礁の夏島で処刑されたという話が伝わって来た。

それが、「愛宕」衛兵司令の追加した所見が運命をきめたのであったかどうかはわからない。

しかし、優秀なアメリカ士官が一名、消えた。

一方、第三分隊長・湯川大尉は、十月の異動で戦艦「比叡」の副砲長に栄転した。

退艦の日、内火艇で送られ、甲板上からの帽ふれの合図に挙手の礼を返し、帽子を振りながら舷梯を離れて行った湯川大尉の姿は、これが見納めであった。

一ヵ月あまりたって、第三次ソロモン海戦の十一月十二日夜、僚艦「霧島」とともにガダルカナル敵飛行場を攻撃した「比叡」は、待ち受けていたアメリカ艦隊と砲撃戦を交えた。

その敵の初弾が、「比叡」の副砲指揮所を直撃し、湯川大尉は名誉の戦死をとげたといわれる。

夏島で処刑されたクラーク大尉も名誉の戦死に変わりはない――戦争は、有為な人材をまた二名失う損失を強いたのである。

## 大艦巨砲主義の日本海軍

日本海軍で砲術については権威といわれた黛(まゆずみ)治夫大佐(海兵四十七期)と筆者は、戦友小勝郷右氏の紹介で、日本海軍の思い出について、親しく語り合ったことが幾度となくある。

「もし、太平洋戦争が海戦中心であったらなあー、太平洋戦争は、大勝利だったがねー」

と、いかにも残念そうに語っていた。また、

「この戦争は、ミッドウェー海戦の敗北で負けにきまっていたよ。あとは惰性で戦っていたようなもんだよ」

とも言っていた。

つまり、日本海軍は、大艦巨砲主義のもとに、海軍力を強化してきた。それが航空戦本位、飛行機優勢という状勢変化についていけない過程のなかで、戦いが進行してしまったのである。

大艦巨砲主義の日本海軍が、不沈戦艦といわれる大和級の建造にとりかかったのは、軍縮条約を脱退した後である。

その完成予想図は、四十六センチ主砲三連装・三基・九門を搭載し、基準排水量は六万四千トン——これはまさに、世界最大の巨艦であった。

圧倒的に経済力に勝るアメリカにたいし、また、戦艦の量ではとうていかなわないアメリカ海軍にたいし、質で圧倒することを目的として、一九三七年に計画・建造されたのが、「大和」「武蔵」の二隻の巨大戦艦である。

これにつづいて、一九三九年に計画、建造されることになっていたのが、いわゆる第一一〇号艦「信濃」と、第一一一号艦といわれた「紀伊」である。

「信濃」が建造中に航空母艦に変更されたことはご存在のとおりであるが、第一一一号艦の「紀伊」は、呉四号ドックで起工直後に、建造中止になっている。つまり、流産してしまったのである。

日本海軍が、なぜ四十六センチという巨砲を搭載する巨大戦艦を採用することになったかというと、そこには、経済力に勝るアメリカの唯一のアキレス腱を狙う作戦があったということだ。

すなわち、アメリカの戦艦より大きな主砲を搭載するということは、海戦に際しての射ち合いで絶対有利ということであり、四十六

センチという主砲の数字が出てきたのにも、それなりの根拠があったのである。

そのアメリカのアキレス腱とは、大西洋と太平洋をつなぐパナマ運河の幅である。

アメリカは、大西洋と太平洋という二つの大洋を持った国家であるため、相手国に倍する海軍力を持たないかぎり戦えない――海軍はこの二つの戦線を掛け持ちして戦わなければならない。

ソ連のように、完全に掛け持ち不可能な海軍力では、その力は半減されてしまうことになる。

かつて、日本海海戦で日本海軍が大勝利を博したのも、そのへんに(スエズ運河を日英同盟のため通してくれなかった)大きな原因があったといわれる。

その太平洋と大西洋を結び、一体となって戦うためには、パナマ運河を使用する以外に方法はない。南米大陸を大きく遠回りしていたのでは、時間がかかりすぎて実戦の用にたたない。

一刻を争う海戦においては、パナマ運河を使わざるを得ない。

したがって、保有する軍艦は、運河の幅よりも狭い幅の軍艦でなければ役に立たない。

このようにして、このパナマ運河の幅によって戦艦の大きさがきめられる、というところに、アメリカ海軍のアキレス腱があったということである。

このパナマ運河の幅は、三十三メートルである。これを基準にして、アメリカが新しい戦艦をどんなふうにして建造できるかというのを試算したところ、この三十三メートルという幅に基づくと最大限五万トン、速力二十三ノットが限界であるという結論に達した。

この五万トンの排水量となると、日本海軍の「長門」「陸奥」クラスであり、搭載する主砲は四十センチが限界である。

これにたいし、日本海軍が計画している四十六センチ、六万四千トンということになれば、完全に戦力がちがってくる。

敵の弾がとどかないうちに、こちらの射った弾が先に向こうにとどき、撃沈できる——いわゆる「アウトレンジ」方式で戦えるというわけである。

しかも、二十七ノットという戦艦としてはかなりの高速が出せるということも、海戦では絶対に有利である。

こうして、日本海軍は四十六センチ主砲九門を搭載する基準排水量六万四千トン、速力二十七ノットの戦艦四隻を建造することになった。

したがって、黛治夫艦長が言われた「海戦なら日本海軍が絶対に有利であった」ということもうなずける。

## 軍艦の排水量

「戦艦『大和』って、何トンぐらいあるんですか」

「うーん、満載なら七万五千トンだろうねー」

「すごく大きな戦艦なんですね」

こんな会話を、いまでも聞くことがある。

戦艦をはじめとする海軍の軍艦の大きさを表わすには、「排水量」という呼び方を使っている。

その基本となる艦船の排水量は、「固体の重さは、その固体が排除した水の重さに等しい」という、アルキメデスの原理と同じで、ひらたく言えば、船が浮かんでいるときの吃水線下の船体の容積量とおなじ海水の重量が、その艦船の排水量である、ということで、船全体の重量が排水量で、一番わかりやすく言えば、大きな器(うつわ)に水をいっぱい入れて、その中に船を浮かべ、こぼれ出た水の量——ということである。

戦艦「大和」が、七万五千トンといえば、それは「大和」の全重量ということになる。七万五千トンもある巨大な軍艦を計る秤(はかり)はないし、排水トンによるしかない。

このように、軍艦の大きさを表わす場合は、この排水量が基準となり、「排水量何万何千トン」と呼ぶ。

ただ、商船の場合は排水トンではなく、船の容積百立方フィートを一トンとし、積み込み可能な荷物の総容積の単位となる。

「トン」には、「英トン」と「メートルトン」とがあり、「英トン」は「T（噸）」、「メートルトン」は「t（瓲）」で表わし、一T(トン)は一・〇一六t(トン)に値する。

排水量は、ひとくちに何トンといっても、軍艦のそのときの状態、重さによって大きさが変わってくる——軍艦の排水量は、英トンをもって表わす。

軍艦が完成して必要な乗組員が乗り込み、航海可能となり、軍艦としての機能を果たせる状態となって、すべての兵装、弾薬類、消耗品などを定額搭載した状態を「基準排水量」という。

この基準排水量には、燃料と予備缶水は搭載していない。

排水量は、そのときの軍艦の状態によってかなり変化するので、ただ排水量何トンといったのでは、大きさを比較することは難しい。乗組員、燃料、兵器、食糧などの積載量の変化で大きく違ってくる。

そこで、大正十年のワシントン軍縮会議において、国際的な軍艦の排水量を比較する基準として、この基準排水量がさだめられた。

そのほかに、排水量を表わすには、そのときの状態によってさまざまな種類がある。

「公試排水量」——軍艦が完成し、きめられた乗員が乗り組み、弾薬類を定額搭載、燃料や真水、糧食、運用などの消耗品を三分の二だけ搭載した状態であり、これは、軍艦が港を満載状態で出港し、目的地（戦場、または訓練地）に到達した状態と仮定されるものである。要は、これから戦闘を行なえる——という状態である。

日本海軍では、戦艦「長門」「陸奥」が就役した大正末期以来、すべての軍艦は、この状態を目標として設計された。

現在の護衛艦は、この状態の排水量を常備排水量と呼称している。

「常備排水量」——おおむね、燃料の四分の一、弾薬類の四分の三、真水二分の一を搭載した状態である。

大正の終わりごろまでは、この状態を目標に軍艦の設計をしていたが、その時期や設計者によって搭載品の内容に差があったので、戦闘時に最適な性能の基準とするために不適当で、その後の軍艦は公試排水量にあらためられた。

「満載排水量」――弾薬や燃料、真水、その他すべての装備品、消耗品を計画最大量まで搭載した状態である。

太平洋戦争中は、糧食類などを飛行甲板や居住甲板にも一部積んで出港したときもあったが、これは排水量には入っていない。

「軽荷排水量」――乗組員が乗り込んで、弾薬をふくむすべての消耗品を控除した状態である。つまり、乗組員以外、消耗品はなにも積んではいないという状態であるが、実際には、こういうことはめったに有りえない。しいていえば、軍艦がドックに入るときである。

「補塡軽荷排水量」――行動の末期には、かぎりなく軽荷排水量の状態に近づくことになる。つまり、戦闘をし、訓練を終わって、弾薬や燃料、真水、消耗品を使い果たし、最後に港に入港するときは、このような状態になる。

しかし、この場合は、燃料、弾薬、消耗品などを消費してしまうと、船体の重心点が上昇し、吃水線が浅くなり、風圧をうける海上部分が多くなり、重心点が変化し、船体の復原性が悪くなる。

そのため、船体の安定を保つため、船底にあるバラストタンクに海水を注入して重心を下げ、吃水線を増した状態にする。

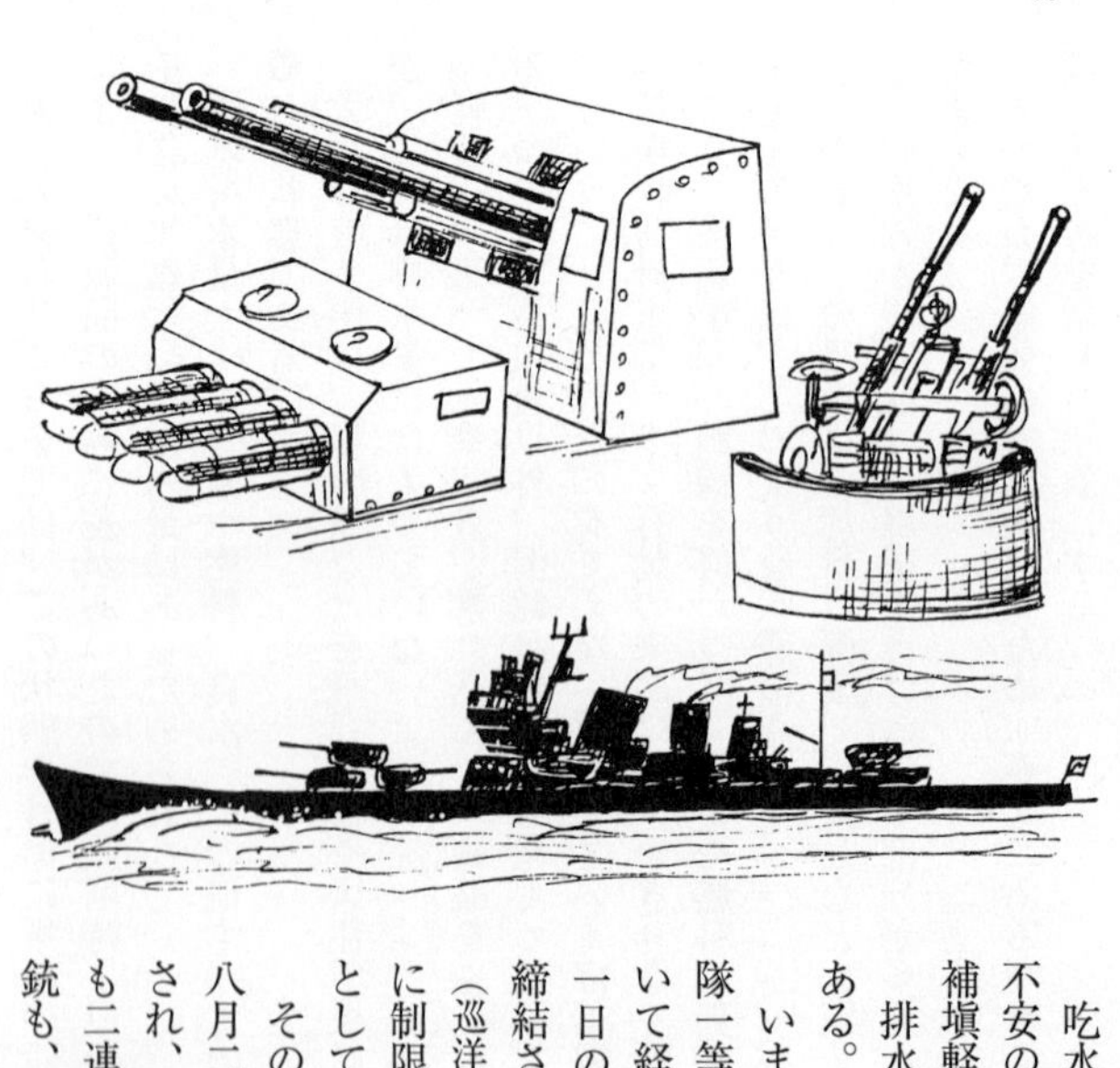

吃水線が下がり、軽荷排水量でも航行に不安のない軍艦もあるので、その場合は、補塡軽荷排水量はない。

排水量には、こうしてさまざまな基準がある。

いまここで、日本海軍では代表的な四戦隊一等巡洋艦「高雄」の排水量の変化についてて経過をみてみると、大正十年（一九二一）に締結されたワシントン軍縮条約で、補助艦（巡洋艦以下）は基準排水量一万トン以下に制限されていたので、九千八百五十トンとして竣工した。

その後、無条約時代に入り、昭和十四年八月二十一日、改装完成して、兵器も強化され、魚雷発射管は四連装四基へ、高角砲も二連装四基へと、そして、最終的には機銃も、二十五ミリを中心に六十三梃へ、基準排水量は一万三千四百トンに増加した。

なお、レイテ海戦出撃時の満載排水量は、一万五千トンに強化されていた。

軍艦は、大砲がほんのすこし強化されても、排水量は増加する。

かりに、主砲の口径が二十センチから二十・三二センチ（八インチ）に強化されても、見たところはほとんど大差ないように思えるのであるが、徹甲弾の重量が百十キロ（二十センチ）にたいして、百二十五・八五キロ（二十・三二センチ）となり、一発の砲弾で十五・八五キロも増加することになり、その威力に大きな差が生じることになる。

そこで、日本海軍は高雄型から八インチ砲を採用し、これを五十口径三年式二号二十センチ砲と称して、従来の五十口径三年式一号二十センチ砲と区別した。

このように、まったく外部から見ただけではわからないようなところに、兵器の改良が行なわれ、排水量は増加していたのである。

ちなみに、戦艦「大和」の四十六センチ砲弾は、一トン四百六十キロ、それを打ち出す火薬の量は五十五キロのものを六コ、計三百三十キロを使用した。

## 舵の構造と種類

軍艦の舵は、艦隊行動のさいの編隊航行保持運動や、砲撃戦、魚雷戦にたいする急速な転進運動、また、敵潜水艦や敵飛行機などによる魚雷攻撃、爆撃にたいする回避運動など、高度な運動性能が要求される。

　連合艦隊に所属する駆逐艦以上の新鋭艦にあっては、ほとんどの軍艦が装着したのは釣合舵であり、まれに、半釣合舵もあった。

　その大きさは、巡洋艦ではもっとも大きい重巡「利根」の釣合舵で、平面の広さが約二十平方メートル（六・〇六坪）――もっとも小型のものは、二枚舵を装着していた最上型重巡の一枚が、約十平方メートル（三・〇三坪）であった。

　そして、巡洋艦で一番小さな舵は、軽巡「夕張」の約九・五平方メートル（二・八八坪）であった。

　軍艦の舵は、船尾に一枚着いているものが多いが、戦艦では、「山城」「扶桑」、重巡では、古鷹型、青葉型などのように、横に並んで二枚取り付けてあるものと、「大和」「武蔵」「翔鶴」「瑞鶴」などのように、大、小二つの舵が、前後（前は小さく、後ろは大きい）直列のものもあった。

　しかし、大部分は一枚舵（単舵）であった。

　高速で航行する巡洋艦、駆逐艦にあっては、釣合舵が艦の性能を発揮するのに便利であった。

　舵軸を中心にして、前方が一に対し後方が二の割合で水圧がかかるので、転舵するとき、事実上、三分の一の抵抗力で舵が動くので、前部半面の舵面に受ける水圧が、舵取機械の力を助けるという利点があり、高速で航行する軍艦にとっては最良のものであった。

その意味では、釣合舵は平衡舵ともいわれていた。

釣合舵の形状は、各部断面に変化があり、上下では、上部が一番厚く、下にいくにしたがって薄くなり、最下部は二分の一になっていた。

横断面は、舵軸の中心部がもっとも厚く、前方はすこしずつ薄くなり、先端は円形になり、水の抵抗を滑らかにうけるようになっていた。

後方にいくにしたがって薄くなり、最後部はきわめて薄く、水流が流れやすく出来ていた。この形状が、もっとも効率的に転舵に有効であった。
軍艦の大小によって舵を比較してみると、重巡「利根」（一万四千七十トン）の最大一枚舵が二十平方メートルにたいし、二千トンの駆逐艦クラスでは、五平方メートルであり、この大きさで、それぞれ三十五ノットの高速航行の船体を、自由自在に操っていたわけである。
このほかに、半釣合舵というのは、舵軸を中心にして、前の部分の舵面が下半分しかなく、後ろの部分は、釣合舵とおなじようになっていた。

つまり、釣合う舵面が半分ということで、半釣合舵とよばれていた。

舵全体の大きさは、前部より後部が広くなり、すこしではあるが上部面が上がり、全体としては、後方が広くなっていた。

それは、軍艦は船底のキールを外れた後部が、すこしずつ斜めに上方に上がっていた。その船底に沿うように着けられていたので、舵のうける水圧をもっとも有効に利用できたのである。

## 敗北の挽回めざす大艦隊

天下分けめといわれた「ミッドウェー」で、南雲機動部隊は、旗艦「赤城」をはじめ、「加賀」「蒼龍」「飛龍」の四隻を失い、航空機三百四十二機と熟練パイロット三百四十名という多数の被害をうけた。

そのほかにも、重巡「三隈」が「最上」と衝突して沈没し、「最上」も大破。戦死者三千五百名を出す大敗北となった。

なかでも、ベテラン・パイロットの喪失は、日本海軍にとっては再起不能ともいえる大打撃であった。

このかけがえのない人的被害は、それ以降の海戦に、じわじわと利いてくることになった。

この大敗北を挽回すべく、連合艦隊主力は南太平洋の最大基地トラック港に集結、日夜猛訓練にはげんでいた。

トラック港内は、まさに、かつての横須賀軍港内を思わせる大艦隊でにぎわっていた。

「月月火水木金金」という、厳しい訓練に明け暮れる毎日であった。

トラック港内の中心部には、連合艦隊旗艦専用の巨大なブイが設置されていた。

直径五メートルもあるこのブイは、巨大戦艦「武蔵」や「大和」が繋留されても、びくともしない大きなものであり、ひとたびこのブイに旗艦を繋留すれば、すべての通信指揮系統の指令は、このブイにつながれた通信網を伝わって、陸上に指示されるようになっていた。

電話通信はもとより暗号にいたるまで、すべて可能という電線がつながれていた——まさしく、連合艦隊旗艦専用の「ブイ」である。

昭和十九年一月。この巨大ブイに連合艦隊旗艦「武蔵」が、しっかりと繋留されていた。

その周囲には、戦艦「大和」「長門」の第一戦隊が各ブイに繋留され、各艦ごとに、そのまわりに防潜網が小さなブイをつらねて張りめぐらされており、敵の潜水艦急襲の魚雷攻撃にそなえていた。

その多数のブイは、青いトラックの海に映(は)

えて、綺麗に青空とのコントラストを描いていた。

また、第二艦隊の主力である一等巡洋艦や特型駆逐艦の群れ、空母などもまじえて、トラック港内は、ところ狭しと軍艦がひしめいていた。

このころ、山本五十六長官の姿は、すでになかった。

山本長官は、日本海軍の敗北を予感するかのように、ラバウル基地を発進した一式陸上攻撃機とともに、ブーゲンビル島ブインの上空で撃墜され、消えていた。

かわって連合艦隊の指揮をとっていたのは、海兵二期後輩(三十四期)の古賀峯一大将であった。

古賀大将は、旗艦「武蔵」の大檣(しょう)上に大将旗を掲げていた。

## 連合艦隊の後退はじまる

ミッドウェー敗北、ガダルカナル島撤退、アッツ島玉砕、山本連合艦隊司令長官戦死と、戦局はじわじわと悪化するなかで、戦勢がしだいに押され気味であった、昭和十八年九月三十日。

私は、海軍航海学校第二十期高等科運用術操舵練習生の課程を卒業――第二艦隊旗艦「愛宕」乗り組みが内定していた。

その「愛宕」は、第二艦隊旗艦として主力艦隊をひきい、トラック港を出撃、南下した。

南太平洋の敵艦隊を攻撃に向かうため、ラバウル港内で重油の補給を行なっていた。そこへ、突如として敵グラマン百五十機の来襲によって大破し、その修理のため、横須賀港へと回航されたのである。

艦隊のプリンスといわれていた一等巡洋艦「愛宕」は、開戦当初から第二艦隊旗艦であり、近藤信竹中将（のちに大将）が司令長官として座乗し、南方進撃部隊の総指揮をとり、あまたの海戦に参加してきた。

ソロモン海戦では二十センチ砲一発を艦首にうけたが、幸運にも不発弾に終わり、たいした被害もなく、その後も旗艦としての任務を遂行していた。

この「愛宕」にとっては、ラバウルでの被害はまさに最初の大被害であり、中岡信喜艦長（海兵四十五期）以下二十五名の尊い戦死者も出すことになった。

戦いはいつの時代でも、敵に向かって突進するときは優勢であるが、後退しはじめると、悲惨な運命が待ちうけているもの——俗にいう、しんがりをつとめる兵士こそ、もっとも厳しい戦闘をしいられることになる。

このころはまだ、一般の将兵の中には、決定的な敗勢の気配は見えてきていなかった。

だが、山本五十六長官は、ミッドウェー敗北によって講和への道が閉ざされ、そのとき、すでに敗戦を予測したかのように、数すくない（わずか六機）護衛機に守られ、ワンショット・ライターといわれる一式陸上攻撃機に乗り、前線視察に出発、ブーゲンビル島ブイン上空で、ロッキードP38の猛攻の前に戦死したのである。

この山本長官の戦死によって、日本の敗北の前兆はすでに予感されていた。連合艦隊の決定的後退作戦は、いままさに目前に迫っていたのである。

というのは、戦力を立て直した敵の機動部隊は、日本の最大の前線基地であるトラック島に向かって接近しつつあったのである。その主力は、空母八隻を中心とする大機動部隊であった。

ついに、太平洋における日本艦隊の百八十度変針の後退がはじまろうとしていた。

## 最新鋭航空巡「利根」

わが連合艦隊主力は、最前線基地トラック港を離れ、一千カイリ西方のパラオ港にひとまず集結し、つぎの作戦にそなえることになった。

昭和十九年二月十七日午前五時からはじまったトラック大空襲は、日本の残存艦隊を全滅させるほどの熾烈なものであった。

わが方の被害は、残されていた艦船五十隻あまりのうち四十一隻（艦艇十一隻、輸送船三十隻）が轟沈され、九隻が損傷をうけた。

航空機も、陸上の飛行場を中心に、二百七十機が爆破・炎上し、軍事施設も潰滅的打撃をこうむり、死傷者は多数にのぼった。

しかし、このときの大本営発表は、トラック来襲の敵を撃退——空母など四隻、五十四機以上を屠る。わが方の損害、艦船十八、百二十機であった。

——真実との開きが、あまりにも大きすぎる。

二月十日に出港した連合艦隊主力にとって、このトラック大空襲はまったくタッチの差であったといえる。

しかし、寸前の離港でその被害はまぬかれたものの、パラオ基地もまた、けっして安住の地ではなかった。

パラオ港出入口の珊瑚礁を掘り割った水道の出口付近を中心として、敵の潜水艦が目を光らせていた。

この水道の出口付近で、連合艦隊旗艦「武蔵」は敵潜の雷撃による被害をこうむり、このパラオを最後に、修理のため内地に回航された。

また、古賀峯一司令長官は、二式大艇により、パラオから比島のダバオへ移動中に遭難、殉職——かわって連合艦隊司令長官となった豊田副武大将（海兵三十三期）は、旗艦を軽巡「大淀」にさだめた。

それ以後、「武蔵」は旗艦として、ふたたび大将旗を掲げることはなかった。

一方、敵の機動部隊は、トラック港から後退したわが連合艦隊主力を、執拗に狙っていた。このようにして、作戦を百八十度転換するという方向に変化することを余儀なくされた日本海軍は、つぎの反攻作戦を立てるのも容易ではなく、その目途も立たなかった。

このころ、後方のマレー半島ペナンに基地をおく南西方面艦隊（司令長官・高須四郎中将・海兵三十五期）の司令部では、サ号作戦（インド洋通商破壊作戦）が計画発動されていた。作戦は、麾下第六戦隊（司令官・左近允尚正少将・海兵四十期）に下令された。

連合艦隊はすでにトラック基地を後退している——わが方としては、サイパンからニューギニア、セレベス、ボルネオなど、蘭領インド、シンガポール、コタバル、ビルマを結ぶ線を、絶対国防圏として死守するために、後方の安全と資源確保は、なんとしても急務であった。

このような情況のもとに、三月十七日、「サ号作戦」は発令された。

その陣容は、第六戦隊の重巡「青葉」を旗艦として、重巡「足柄」、軽巡の「鬼怒」「大井」、駆逐艦「敷波」「浦波」「天霧」などであったが、作戦実施直前になって、「足柄」が北方第五艦隊所属に変更されたため、そのかわりとして、当時、第七戦隊であった最新鋭航空巡洋艦「利根」「筑摩」に命令が下った。

――この作戦参加により、重巡「利根」は奇異な運命をたどることになる。

ここで、「サ号作戦」で唯一の戦果ともいわれた敵商船の発見・轟沈で主役を果たした重巡「利根」について説明することにする。

「利根」は、「筑摩」とともに、昭和八年に成立した第二次補充計画で、最上型二隻の軽巡（のちに改装されて二十センチ砲搭載となる）として追加されたものである。 

本来、巡洋艦の艦名は、一等巡洋艦が山の名前、二等巡洋艦は川の名前がつけられていた。

その意味では、計画起工時の「利根」は、「筑摩」とともに二等巡洋艦ということになる。

「利根」は、昭和九年十二月一日、三菱長崎造船所にて起工。竣工が無条約時代にはいる昭和十二年以後になるという見通しから、一等巡洋艦としての二十センチ砲搭載を、最初から決定したのである。

そういう関係で、川の名前がついた珍しい一等巡洋艦が誕生することになった。

また、「最上」などは、竣工時は十五・五センチ三連装砲で、二等巡洋艦として生まれ、あとで二十センチ砲に積み替え、一等巡洋艦となったのである。

しかも、この新鋭重巡「利根」と「筑摩」の二隻が、ともに舞鶴所轄であったということも、当時としては大変に珍しいことであった。

当時、舞鶴には大型艦はなく、貧弱な艦艇ばかりで、横須賀、呉、佐世保にくらべると見劣りしていた。鎮守府も一時は廃止され、舞鶴要港部へと格下げされたころである。

昭和十五年五月、私がはじめて重巡「摩耶」に乗り組みを命じられ、連合艦隊が館山湾に集結したとき、十隻の重巡が顔をそろえ、その中に重巡「利根」「筑摩」の二隻が第八戦隊を構成、参加していて、私たちの眼をおおいに魅きつけたものである。

当時、「摩耶」第二分隊（高角砲）の伊藤一等兵曹などは、夕食のテーブルの席で、

「重巡が十隻も集まっていたよ！　こんなことなかったねー」

などと驚きの声を上げていた。

そういうみごとな艦列の中でも、この重巡「利根」「筑摩」の第八戦隊の勇姿は、一際（ひときわ）、眼を引く存在であった。

その八戦隊の特徴は、造船界がその技術の粋を尽くして、前甲板に八インチ（二十・三センチ）連装砲四基、八門を集中して搭載したものであり、後甲板には水上偵察機六機（戦時中は七機）を搭載――航空戦を主としての海戦にそなえた超近代的な重巡であった。

このように、過去に例のない特殊型の軍艦であると同時に、乗員の居住に配慮した点も見

のがせなかった。

日本海軍の軍艦は、兵器搭載に重点がおかれ、乗組員の居住は犠牲にされ、狭いところにハンモックを吊って、そこに寝ていたのである。

その点、「利根」はベッドが多く使用され、乗組員の生活環境も急速に向上されていた。

「『利根』って、いい軍艦らしいよ。下士官、兵もベッドだってね」

「乗ってみたいね」

なんて、よく話し合われていたものである。

日本海軍では、巡洋艦を一等（甲）と二等（乙）に分類し、一等巡洋艦を通常、重巡とよび、二等巡洋艦を軽巡とよんでいた。

また、十五・五センチまでの主砲を搭載するものを二等巡洋艦、それ以上のものを搭載する艦を一等巡洋艦ときめられていた。

したがって、搭載砲が十五・五センチ以上であれば、たとえ排水トン数はすくなくても一等巡洋艦であり、艦のトン数は多くても、搭載砲が十五・五センチ以下であれば二等巡洋艦となるという変則的な形も生まれることになっていた。

現実には、日本海軍の一等巡洋艦は、すべて二十・三センチ（八インチ）砲を搭載していた。

重巡は四軸、四つの推進器（スクリュー）を持ち、十五万馬力の原動力で、三十五ノット前後の高速航行が可能であり、高角砲、魚雷をそなえ、水上機も三機搭載し、攻撃を主力とした快速を誇る連合艦隊中堅の攻撃勢力であった。

利根型は、艦橋がやや後方にずれ、ほとんど艦の中央部分に位置していた。

その点、舵を取るときの感度は抜群であったようだ。それに、艦尾の舵の取り付け位置も、ほんのすこしだが後方にずれているように感じる。

これに吹きつける四つのスクリューから吐き出す十五万二千馬力のエンジンの力は、舵の利き方を一層、効果あらしめていたと思える。

軍艦は方向を変えるとき、全長の前から三分の一の個所のキールを中心に、方向を変えるわけである（船は全部おなじ）。

したがって、前部四砲搭集中搭載ということは、転舵しても、砲塔の位置の動きもすくなく、発射しやすいという利点もあった。

これは、主砲が空白になっている後甲板のカバーにも、有効に作用したといわれる。つまり、急速に転舵変針しても、主砲の位置はつねに、安定度が高かったということである。

艦橋にあって指揮をとる艦長、トップ指揮所にいる砲術長も、砲戦をきわめて速やかに把握できる利点があった。

海戦が飛行機中心に移りつつあるこのとき、偵察機の行動は迅速を要したが、水上機を七機（六機となっているが、実際は七機搭載）も搭載――これほど多くの偵察機を積むことによって、その偵察力は増強され、大きな力を発揮できることになった。

一方、舞鶴が要港部に格下げになったため、いままで舞鶴海兵団に入団していた人たちも、みな一括して横須賀海兵団に入団していた。 

そんな関係で、私は「利根」乗組員にも知人がたくさんいたが、上陸で会うたびに、「利根」の快適さをよく聞かされていた。

「『利根』の舵は感度がいいよ」

などと……。それは、艦橋がやや後方に移動している関係だったろう。

「ジャイロ」による舵取りでは大差はないが、縦陣航行などで、一番艦ヨーソローなどと、前の艦尾に追従するときは、舵輪の位置が後方にある方が感度良好であった。

それは小型舟艇などの舵輪を握って航行してみると、良くわかる。

このように、あらゆる面で利根型は、航空戦が主力となりつつある海軍にあって、攻守ともにもっとも有効な戦闘が可能の新鋭艦として生まれたのである。

## サ号作戦発動

二月二十七日。サ号作戦部隊は、スマトラのバンカ海峡に集結——作戦の打ち合わせを行なった。

作戦の発動は差し迫っているので、打ち合わせは急を要し、一日だけですませなければならなくなっていた。

この早急な打ち合わせが、作戦発動後にいくつもの問題を残す結果となり、やがて、それは作戦終了後の捕虜処分問題にまで発展するという、痛恨の事件へとつながり、敗戦後にいたって、戦犯裁判による悲劇の結末を迎えることになる。

重巡「青葉」を旗艦とするサ号作戦部隊は、三月一日、ジャワのバタビア港を出撃した。

この作戦の実質上の目的は、この海面にある敵商船の通商破壊で、重巡「青葉」「利根」「筑摩」の三隻がこれにあたり、その他の部隊である軽巡「鬼怒」「大井」、駆逐艦「敷波」「浦波」「天霧」などは、この主力部隊・重巡三隻の護衛と掩護をするという作戦行動を実行した。

インド洋のこのころの天候は、強烈な南西の季節風が吹き荒れていた。

バンカ海をぬけた作戦部隊は南下をつづけ、ココス島の南を北西に針路をとり、旗艦「青葉」を中央にし、右側に「利根」、左側に「筑摩」を配した陣形で横一線となり、各艦の間隔は、水平線上、視界限度ぎりぎりの約三万メートルの距離で進攻している。

作戦発動前の打ち合わせで、この作戦の目的は、敵の商船を見つけしだい、これを拿捕するということである。

これは、日本の船舶が不足してきた現状から、その戦力確保上、どうしても必要な事項であった。

しかも、もし敵の艦隊が接近して急を要する場合とか、敵航空部隊来襲の危険がある場合は、敵商船は撃沈しなければならないという方針がきめられていた。

三月九日、作戦が発動され、出撃してから八日目の午前十一時三十分――展開索敵中の重巡「利根」の視界に、一隻の商船の姿が入って来た。

「敵船発見！」

という見張員の報告に、艦橋上にはいっせいに緊張が走る。

「面舵一杯」「前進全速」「攻撃開始」

などと、大声を上げて興奮する若い元気な士官たちで、一瞬、「利根」の艦橋は騒然となったが、艦長の命令がなければ、艦は戦闘行動を開始するわけにはいかない。

このとき、艦長指定席の左舷最前部窓際の腰掛けを離れ、中央羅針盤のやや左後方付近に立っていた艦長・黛(まゆずみ)治夫大佐(海兵四十七期)は、すこしもあわてず、

「トーリカージ」

と、中央羅針盤の前に立つ航海長に命じる。

この指令だと、敵船から遠ざかる方向への転舵である。

「艦長！　敵にうしろを見せて逃げるんですか！」

と、周囲から声が乱れ飛んだ。

しかし、黛治夫艦長は、これらを一切無視するかのように沈黙をつづけている。

一瞬、間をおいて、

「トーリカージー」

——取舵二十度、という操舵員の報告が返ってきた。艦首は静かに、しかもゆっくりと左に回頭をはじめる。

周囲はあっけにとられて、回頭する艦首と目標の商船を交互に見ながら、つぎの命令に聞き入っている。

黛艦長はすこしもあわてることもなく、ゆっくりと指令を告げる。

「モドーセー」

「舵中央、面舵に当てー」

「面舵十度」

「もどーせー」

「目標、前方の敵商船八十度」

「ヨーソロー」

こうして、反転した「利根」は、発見した敵武装商船と反航する形になった。

この敵武装商船はベハー号七千トン（ビハール号ともいう）――「利根」と反航する陣形になり、急接近することになる。

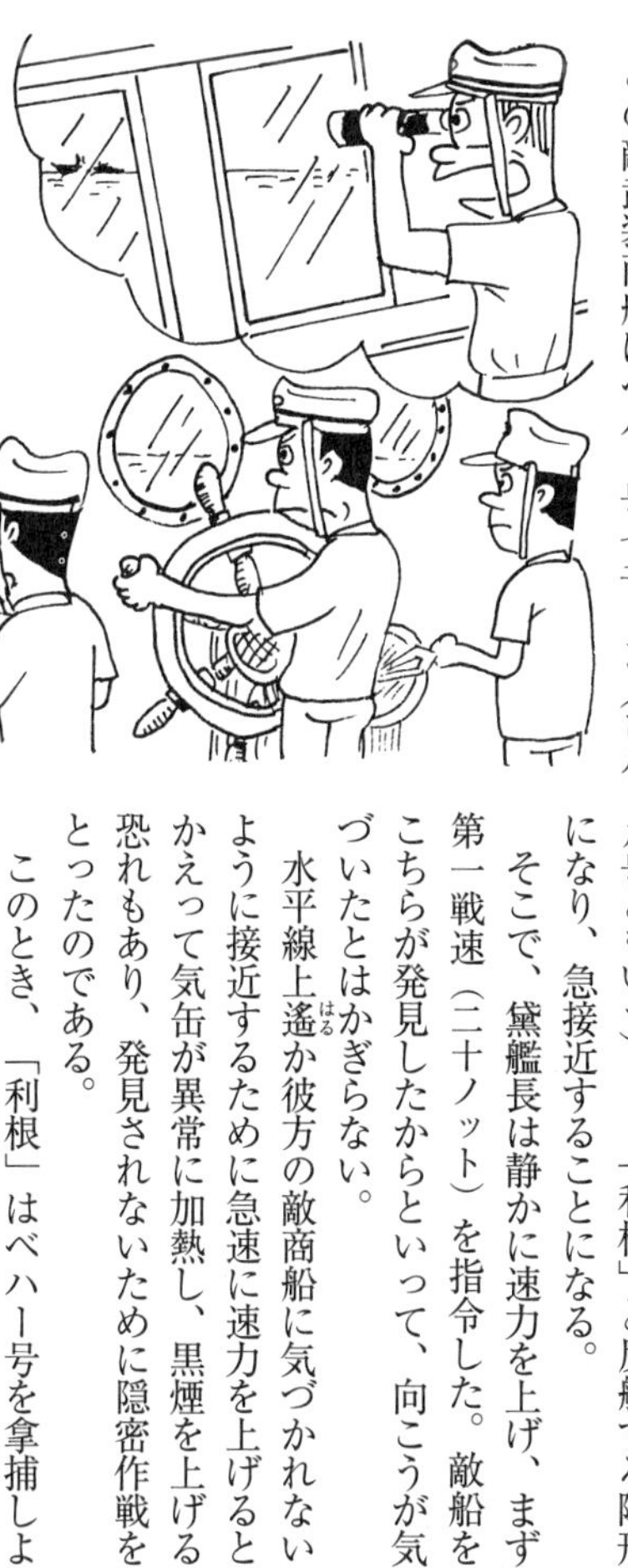

そこで、黛艦長は静かに速力を上げ、まず第一戦速（二十ノット）を指令した。敵船をこちらが発見したからといって、向こうが気づいたとはかぎらない。
水平線上遙か彼方の敵商船に気づかれないように接近するために急速に速力を上げると、かえって気缶が異常に加熱し、黒煙を上げる恐れもあり、発見されないために隠密作戦をとったのである。
このとき、「利根」はベハー号を拿捕しようとすればできたかも知れない。
しかし、作戦打ち合わせの際、捕獲して連

行できる海上の範囲をココス島南二百カイリ以内とされ、それ以南は撃沈ということにきめられていた。それ以上に距離が遠いと拿捕連行に危険がともない、敵機の来襲のおそれもあるからである。

ベハー号は、このきめられたココス島南二百カイリをこえている海域で発見したのである。したがって、作戦上、撃沈してもさしつかえないのであるが、できれば拿捕しようと黛艦長は考え、ベハー号に接近し、逃亡されないように、アメリカ国旗に似ている旗旒を掲げさせて、アメリカ巡洋艦を装って接近しようとしたのである。

――「利根」は新型艦であるため、この作戦には好都合であった。

この敵国の軍艦を装うやり方は、国際法上でも詭計として許される作戦方法であり、攻撃するときに日本軍艦であることをしめす軍艦旗を掲げればよいことになっている。

九千メートルまで接近したとき、「利根」はすかさず軍艦旗を掲げ、停船命令の旗旒信号を掲げたが、ベハー号は停止信号を無視して停止せず、逆に速力を上げて逃亡を計ろうとしたうえ、救急救難信号を打電しはじめた。

そのまま接近して拿捕しても、敵機の来襲にでもなれば危険である。

ベハー号には、十センチ砲が前と後に各一門（計二門）が搭載され、機銃数梃が装備されているのが、見張員にはっきりと確認されている――九千メートル以内に接近すると、この十センチ砲の射程圏に入る。

こうして、なお逃亡しようとして速力を上げ、遠ざかろうとするベハー号にたいし、黛艦

長は二十センチ主砲の砲撃はじめを下令した。

「射ち方はじめ！」の砲術長の命令に、まず二門が砲門を開き、あいついで砲撃を開始し、またたく間に命中弾が続出――ベハー号は水煙につつまれて航行不能となり、大きく右舷に傾き、海面から姿を消していった。

さすが、日本海軍屈指の砲術の権威である黛治夫艦長の「利根」だけあって、その砲撃ぶりは鮮やかであった。

このころは、日本海軍の勢力はインド洋全域には完全におよばず、ニコバル、アンダマン諸島周辺からやや西方までが限界であった。

したがって、イギリス艦隊が存在する可能性も残されているという危険な情勢であった。

もちろん、その点も考慮して拿捕、撃沈の範囲はきめられていたので、「利根」はその作戦にしたがって行動を起こしたのである。

ベハー号を撃沈した海上に近づくと、内火艇が一隻浮かんでおり、これには白人がいっぱい乗っていたが、海上にはインド人や中国人がおおぜい泳いでいる。

このとき、むしろそのままにしておけば、あとで問題は起こらなかったのかも知れないが、目の前でアップアップしながら助けをもとめて泳いでいる人たちを放っておくわけにはいかない。

「利根」はさっそくエンジンを停止し、カッター二隻を下ろして、漂流者をつぎつぎと救助した。

その数は百十五名(白人三十名――うち女性二名、中国人三名、インド人八十二名)。この中には、内火艇に乗っていた白人もふくまれている。これらの人たちを、「利根」の中部の居住甲板に収容した。

## 山本長官機撃墜さる

戦艦「武蔵」は、生まれながらにして連合艦隊の旗艦となるべき運命を持っていた。

その「武蔵」が、旗艦としての任務から離れて、内地へ向かうことになったのは、昭和十九年三月二十九日のことである。

連合艦隊指令部が古賀峯一司令長官以下、パラオに上陸、司令部をそこに移したあと、この日の午後三時三十分「武蔵」は出港用意のラッパとともに、パラオを緊急出港した。

西水道を出て三十マイル、三百四十一度の海上にさしかかったとき、待ち受けていたアメリカ潜水艦の魚雷攻撃をうけ、その一発が左舷前部、二十七番ビームの水線下六メートルに命中した。

この被雷による破孔からの浸水は、二千百トンに達したが、「武蔵」の巨大な船体にとっては軽微な損傷となっただけで、速力にもほとんど影響なく、駆逐艦三隻とともに日本国内（呉港）に向かった。

これが、長官旗との永遠の別れになるとは思わなかった。

一方、パラオに司令部を移動した古賀長官は、二式大艇で比島ダバオに移動の途中、おりからの悪天候によって遭難し、殉職した。

かわって連合艦隊司令長官となった豊田副武大将は、司令部を「大淀」（軽巡）にうつし、将旗を掲げた。しかし、その後、日吉の陸上に連合艦隊司令部を移し、終戦までこの陸上で指揮をとることになる。

これよりすこし前、昭和十九年二月二日、アメリカ機動部隊は、クエゼリン島に砲爆撃を反復したあと上陸し、火炎放射器などの新兵器を駆使して全島を焼き払い、日本軍守備隊約三千名は玉砕した。

その後、アメリカ軍は西方一千マイルにある日本海軍最大の根拠地トラック島に攻撃をか

けようとしていた。

二月十二日、連合艦隊司令長官・古賀峯一大将は、敵機動部隊によるトラック空襲は必至の状勢とみて、在泊中の主力艦隊に退避命令を発した。

きたるべき決戦のために温存しておかなければならない水上艦隊の主力を、一千マイル西方のパラオに移動させることにしたのである。

こうして、連合艦隊の主力部隊は、その命令にしたがい、ぞくぞくとトラック港を出港し、それぞれ指示された方向に向かった。

旗艦「武蔵」は日本内地に帰投し、戦艦、重巡、駆逐艦などの主力艦隊は、パラオに入港。ひとまずアメリカ機動部隊の攻撃をかわすことになる。

この日本海軍最大の南方根拠地トラック

島は、古賀長官の推測どおり、二月十七日の早朝、アメリカ機動部隊から発進した五百六十八機の来襲をうけた。

この結果、港内に残存していた艦艇、油槽船、貨物船、貨客船に、さらに特殊船をふくめ、計四十一隻が撃沈され、陸上基地も徹底的に破壊され、飛行場に残っていた飛行機もほとんど爆破され、トラックは基地としての機能を完全に失ってしまった。

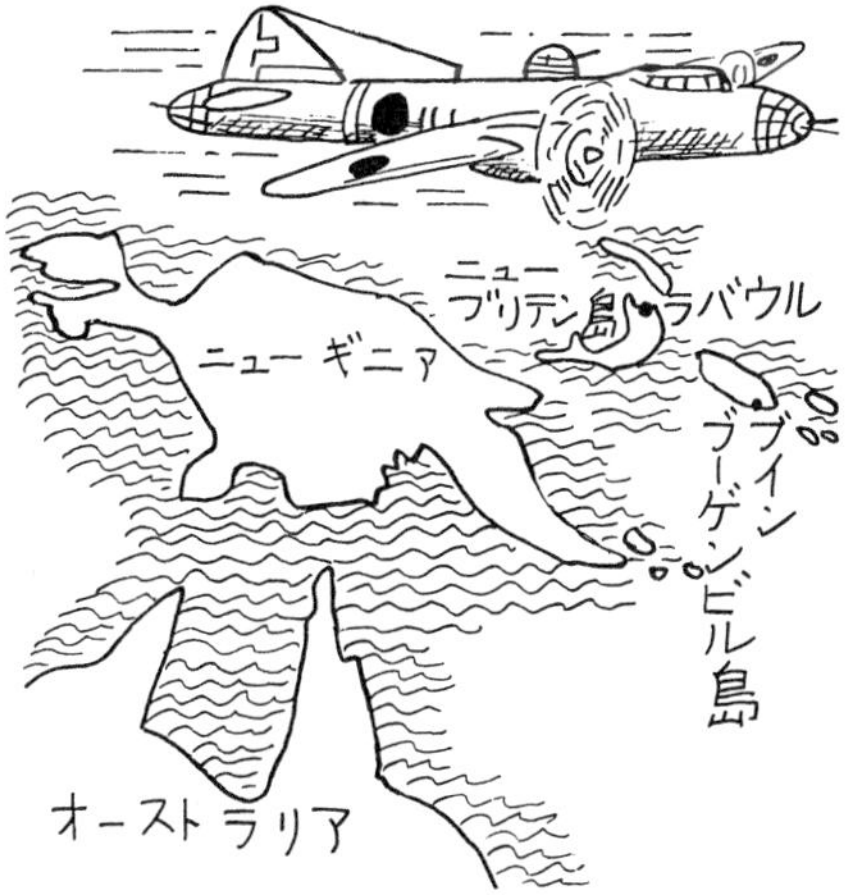

……戦争というものは、一方が崩れはじめると、それを弾(はず)みに、勝敗が確定したような状態になるものである。

これより前、すでに、山本五十六連合艦隊司令長官が南方基地視察の途中、ブーゲンビル島ブインの上空を一式陸攻で飛行中に撃墜され戦死した甲事件といわれた衝撃的出来事が発生したとき、トラック基地のこういう現況は予測されていた。

――その山本長官の撃墜場面を目撃した中里上水（当時）の証言によれば、山本司令長官の戦死は、じつに呆気(あっけ)ないものであったという。

昭和十八年四月十八日——山本五十六長官らを乗せた一式陸攻二機は、予定どおり、ラバウル飛行場を発進した。

司令部は二機に分乗。一番機に山本長官、高田艦隊軍医長、樋端航空（甲）参謀、福崎副官が、二番機には宇垣参謀長、北村艦隊主計長、今中通信参謀、室井航空（乙）参謀、友野気象長が搭乗した。

この一式陸攻二機は、ラバウルの零戦基地から飛び立った六機の零戦に護衛されて、まず、第一視察地であるバラレ基地へと向かった。

南海の空は晴れ上がり、ちぎれ雲がところどころに散乱するていどの快晴にめぐまれ、順調な飛行をつづけていた。——快適な機内では、みな綺麗に浮かぶ島々に眼を転じている。やがて、ブーゲンビル島南端の前方に位置する第一着陸地バラレの手前ブインの上空にさしかかってきた。

ブインの町は、長官機の前方に望見され、綺麗な海岸線の波打ち際が、白い線を引いて見える。そして、左側九十度方向にブーゲンビル島の最大の山がそびえている。その山も、やがて後方に遠ざかろうとしていた。

上空から見下ろす南海の海面——周囲に転在する小さな島々が、波の中に浮かび上がっている。その美しい光景は、いま直面している厳しい戦局を忘れるような爽やかな気持にさせてくれる。

このとき、この美しい島の一つである第一の視察地バラレの守備隊では、山本長官の視察を迎えるべく、厳重な警戒態勢に入っていた。

このブーゲンビル島の隣りにあるバラレ島、その突端に位置する海軍見張り所の望楼の上に立ち、見張任務についていた中里建治上水が、眼鏡の中に一式陸攻の長官機を捉えたのは間もなくであった。

太くて大きく、葉巻というニックネームで親しまれている一式陸攻が、その眼鏡に映し出された瞬間、中里上水は大声を上げて報告した。

「長官機、見えます！」

「一式陸攻二機、零戦六機、ブイン上空に近づいていまーす！」

敵機来襲にそなえて、毎日のように発進しているバラレ飛行場の戦闘機も、今日は静かに待機している。

このところ、多いときには一日に数回も上空で戦闘が繰り返されており、そのつど、当直日誌に記入する。この当直日誌は、戦闘詳報となって大本営に送られ、重要な作戦資料になっている。

この日、山本司令長官が視察に見えるということを知らされていたバラレ守備隊では、緊張してブイン上空を中心に見張りを厳重にしていた。

このバラレを二分するように中央を横切る滑走路の北端にある、椰子の林の中に立っている見張所についていたのが、中里上水であった。

中里上水が、ブイン西側にあたるモライ岬上空にさしかかった山本司令長官機を発見したのは、当直の役目について間もなくのことであった。

放送用の電話回線を両耳と口の前に装着して、中里上水は見張所のてっぺんから大声で叫んだ。

「山本長官機、ブイン上空に近づいています！」

「モライ岬からこちらに機首を向けていまーす！」

ただちに、指揮所からの命令が帰ってくる。

「目を離すな！　長官機から！」

矢継ぎ早に、命令が耳を突き抜けるように響いてくる。

大声で応答を繰り返しながら、中里上水は眼鏡の中の長官機とその周囲をしっかりと見つめている。

そのとき、長官機を中心にした編隊の姿は、完全と思える陣形であった。

しいて言えば、護衛戦闘機の数が、あまりにもすくないのが異常に感じられる。

そのまま、長官機は着陸態勢に入るかに見えた。

そのときである——突如、右後方の山上の雲の隙間から、黒い豆粒のような点が現われた。

一つ、二つ、三つ——その数はしだいに増えて、それらが長官機に接近してきた。

それは、獲物を狙う猛禽さながらの急降下である。みるみるうちに数を増し、十数機へとふくれ上がる。

と見る間に、それらが長官の周囲を旋回しはじめる。

「長官機の周囲に、黒い影が接近していまーす！」

「敵機のもようです！」

中里上水は叫ぶ。さらに、

「敵機だ！　敵機だ！」

「ロッキードP38だ！」

中里は興奮して、矢継ぎ早に絶叫した。

このような事態をだれが予想したであろうか——日本海軍にとって、恐るべき事態が目前に迫っている。

……戦争とは、シナリオのないドラマである。いつ、どんなことが、どこで何が起きるかまったく予測できない。
山本長官機の機長も見張りも、そして零戦護衛機も、着陸寸前のこのときに、ロッキードP38の急襲をうけるとは、まったく予測していなかったに違いない。
それは、司令部の人たちもまったくおなじであったろう。
しいて推測すれば、山本長官だけはほかと異なっていたと思えなくはない——日本海軍の全責任を背負っている長官は、ミッドウェー海戦での敗北時に、ひそかにみずからの決意を心にきめていたのかも知れない。

この件については、戦後のことであるが、かつてつぎのような話を聞いたことがある。

元「利根」の艦長であった黛治夫元大佐に会って、さまざまな戦闘場面などを話し合ったが、黛氏の第一声は、

「ミッドウェーの敗北で、日本海軍の負けはきまっていたね」

「そのあとの戦いは、惰性で戦っていたようなものだよ」

というものであった。

このあたりに、日本海軍の舵取りの誤り（あやま）があったといえる。

まして、連合艦隊の最高指揮官で、彼我の戦力を知り尽くしていた山本長官としてみれば、だれよりも戦力の見通しについてはわかっていたはずである。

ミッドウェー海戦の敗北が、日本海軍にとって、いかに重大なものであったか――しかし、直接の責任者であった南雲忠一中将の責任を問わなかったのは、そういう山本長官の見通しがあったればこそ、と推察すればうなずける。

それほどに、山本長官は自分の責任を感じていたのではないだろうか。

たった六機という形ばかりの護衛機、そういう裸同然のような状況で最前線の視察を実行するところに、山本長官の決意のほどがうかがえる。

そのとき、ブイン上空では、長官機をふくむ二機の一式陸攻は、着陸態勢にうつろうとし

て速力は一段と落ちていた——百五ノットぐらいであろう。失速一歩手前という速度である。

その二機の周囲には、六機の護衛の零戦が寄り添うように直衛している。

中里上水は、その飛行のようすを確認。あらためてひときわ声を張り上げ、

「長官機、高度を下げはじめました！」

と叫びながら、二機の陸攻とその周辺を見守りつづける。

この瞬間、一番機の山本長官と司令部の高官たちは、第一の着陸地バラレを目前に、どのような心境であったか——全員が戦死したため、それを知るべくもないが、まずはひと安心……ぶじに着陸できるものと思っていたに違いない。

なんといっても、バラレ飛行場は目前に見えるのである。

操縦員たちの眼も、着陸予定第一の目的地バラレ飛行場を直視していたに違いない。

直衛の零戦六機も、やや遅れて高度を下げはじめた。この時点で、搭乗員全員が、ぶじ着陸を信じていたことであろう。

大任を果たす直前の搭乗員たちは、ひとまず任務完了を目の前にして、脳裏に一瞬、安堵感がよぎったとしても不思議ではない。

眼下いっぱいに広がる青い海、そして、小さな島々の美しい光景——こうして高度を下げ、着陸態勢にうつる。この寸時の心境は、搭乗員ばかりでなく、山本長官をはじめとして司令部高官たち全員そろって、着陸を信じ、安堵の胸をなでおろしていたかも知れない。

いかに連合艦隊の司令長官といえども、飛行機に乗り込んだからには、機長（操縦員）に

運命を任せるしかない。操縦員の責任は、それほどに重い。

まして、長官機の操縦員ともなれば、選び抜かれたベテラン中のベテランが、主、副の操縦にあたり、責任をもつことは当然である。

しかし、いくら優秀かつベテランの操縦員といっても、人間である以上、万能というわけではない。

これはあとでわかったことであるが、アメリカ側は事前に暗号を解読していたということであり、すでに、完璧ともいえる待ち伏せ作戦を立てていたとあっては、これはもう如何ともしがたい。

そのアメリカ戦闘機ロッキードP38の編隊は、ブインの北側ブーゲルビル島でも一番高い山をおおう雲間に隠れて、待ち伏せしていたのである。

この高い山のジャングル、生い茂る密林と、そして毎日のように通りすぎるスコール――このスコールを降らせる入道雲が、湧き出し動き出したその中に隠れて、待ち構えていたのだ。

一方、長官機の編隊は、なにごともなく機首を下げはじめる。

この絶好のタイミングを、P38が見逃すはずがない――やや通りすぎるのを見はからって、後ろから襲いかかってきた。

飛行機は、この後方から攻撃されるのが一番弱くて怖い。そこが、飛行機の最大のウイークポイントである。

襲いかかってきたのは、双胴の悪魔と恐れられているロッキードP38。その軽快な動きをするP38十六機の編隊が、獲物を狙う猛鷲のように襲いかかってきた。

突然、上空の雲を突き抜けて、猛然と攻撃してきた――長官護衛戦闘機の零戦六機が反撃するすきもあたえず、完璧なまでの急襲であった。

この急襲により、山本長官機は、ブーゲンビル島のジャングルの中へ沈んで行った。

これを、海軍では「甲事件」と言っていた。

これに対し、古賀峯一長官の殉職した「乙事件」――この二つの事件に共通しているのは、ともに長官機は全員戦死したが、参謀長が乗った二番機は、ともに不時着し生存していたことである。

まさに、運命の舵は、神のみぞ握れるものである。

## 収容捕虜百十五名

三月十七日、サ号作戦は終結した。作戦部隊はバタビアに引き揚げた。

わが方に被害はなく、作戦は、「利根」がベハー号を撃沈したという戦果だけが唯一のものであった。しかし、このとき、海上から収容したベハー号乗組員の捕虜は、「利根」に収容したまま、そっくり残されていた。

この捕虜については、南西方面艦隊司令部から、作戦中の捕虜は処分すべし、という命令が出されていたというが、その捕虜の処分を実行しないままに、百十五名をそっくり収容したままでいたのは、なんといっても生命だけは助けてやりたいという黛艦長の配慮からであったという。

この捕虜問題が宙に浮き、やがて大きな事件へと発展してゆくのであるが、当時の海軍の情況としては、悩みながらも、処分せざるを得ない環境になってゆくのである。

海軍には、上官の命令はその事のいかんを問わず、これには服従すべし、という厳しい掟があった。現在の自由主義の社会では、これは想像もつかないことである。

この捕虜問題も、敗戦後、戦犯裁判ではいくつかの証言に食い違いが出てきて、命令の出どころと責任が、はっきりと摑めないところもあったようであるが、このことはどのB、C級裁判でも、共通していたことと言える。

このことは、仏印に私たちがいたときに実際に経験したことや、シンガポールや比島などで敗戦後に行なわれた裁判などに照らし合わせてもうなずけることである。

すなわち、身体が大きかったとか、背が高かったとか、あるいは、とても太っていた、痩せていた、ひげが濃かったなどという、ただそれだけの証人たちの記憶で、練兵場とか広場に並ばされ、閲兵よろしく首実検されたあげくに、処断し、処刑する――なかには、まったく無実の人もあったという。

いずれにしても、捕虜処分の命令は上層部から出される。それはどの命令でも変わるものではない。

それがどこから出されたにしろ、処分命令が撤回されないかぎり、現場の人たちとしては、いつまでもそのままに放置しておくわけにはいかない。

まして、当時の日本海軍の状況では、捕虜処分の命令を撤回するような環境ではなかったのである。

当然、百十五名もの捕虜を野放しにするわけにはいかないし、そうかといって、「利

根」の艦内にいつまでも収容したままでいられるわけもない。

まして、サイパン島に迫りつつあるアメリカ機動部隊にたいする作戦も、切迫していたのである。

こうして、重巡「利根」に収容中の捕虜処分命令は、宙に浮いたままになっていたが、現実にその捕虜たちを収容している「利根」としては、そのままにしておくことはできず、なんとか結論を出さなければならない。

そこで黛艦長は、苦心のすえ、三十五名はバタビアに上陸させるという許可を得ることに成功した。しかし、残る八十名については、やはり宙に浮いたままになった。

そのうち、サ号作戦は終了。作戦部隊は解散してしまった。

こうして、完全に行き場のなくなってし

まった八十名の捕虜については、やむなく処分せざるを得ない運命へと発展していくのである。

……黛艦長は、全員をバタビアに上陸させて、強制労働させるという処置をとりたかったのであるが、どうしても許可を得られなかったという。

そうこうしている間にも、戦況は日増しに緊迫の度をくわえ、頼みとする最前線基地となったサイパン島にも、敵来襲の危険は迫っていた。

連合艦隊は、この絶対国防圏を死守すべく、ハワイ奇襲の猛将、南雲忠一中将を中部太平洋方面艦隊司令長官として、サイパン島防衛にあたらせることになっていた。これにより、栄光の南雲中将（戦死後、大将）は、悲劇の提督となってサイパン島の洞窟の中で自決の道を歩むことになった。

このサイパンに来襲するであろうアメリカ艦隊を迎撃すべく、「ア号作戦」の発動が、大本営では迫っていた。

このような情況の中で、最新鋭航空巡洋艦「利根」の果たす役割は大きい――とても、捕虜を八十名も艦内に抱えたままの海戦など不可能である。

「艦長！　捕虜をいつまでもあのままにしておくのですか。戦闘にでもなったらどうします。大変なことになりますよ」

と、若い士官たちは、艦橋上にまで上がってきて、艦長に詰め寄る場面もしばしばであった。

灼熱の太陽が照りつける赤道直下では、重巡の露天甲板は、鉄板のため焼けこんでとても素足などでは歩けない。艦内靴といわれるズックをはいていても、いつまでもこの鉄甲板の上の焼けこんだ状態では立ってはいられない。それほどの熱さである。

このような環境の中で、なかには、

「艦長、捕虜を焼けた鉄甲板の上に座らせて、ぶった斬りましょう！」

などと、訴える者さえいる。

こうして、刻々と迫る戦況の中、運命の日は近づきつつあった。どうしても避けて通れない時点にさしかかっていた。

これは、公刊戦史にも記録されていない。

記録されているのは、サ号作戦での敵武装商船ベハー号七千トンの撃沈記録だけである。

しかし、この捕虜事件は、現実にあった事件である。筆者自身が、当時、「利根」の艦長であった黛治夫元大佐から、ある機会に直接、聞いた話である。そのとき同席したのが天野俊三元軍医長と小勝郷右元上曹である。

この機会をつくってくれたのは、かつて、「秋津洲」当時の黛艦長の部下であった小勝氏であり、元軍医長ともども四人で、横浜市伊勢崎町の料亭において、一献（いっこん）酌み交わしながら直（じか）にお話ししていただいた。

そのとき生（なま）の声をお聞きしたのを皮切りに、その後、数回にわたって、毎回三時間あまりを費やし、この捕虜事件にまつわる話を耳にしたのである。

このような捕虜に関係した不幸な事件は、「利根」において生じた生々しい話ばかりではもちろんない。

戦時中は、敵味方ともに乗船していた病院船、交換船なども撃沈した例はたくさんあるし、ガダルカナル島の玉砕などでは、日本人捕虜虐殺問題などもいろいろ囁かれていたが、敗者は語れずで、いずれも、霧の中で終わってしまった。

## ラムネの味

三月十八日。バタビア（ジャカルタ）で三十五名の捕虜を上陸させた「利根」は、シンガポールへ向けて出港した。

しかし、その「利根」の艦内には、まだ八十名の捕虜が残ったままである。

リンガ海を西に向かって航行している「利根」の艦橋上で、黛艦長は、

「こんな結果になるのであったら、あのとき救助しなければよかったのに……」

ふと、そんな気持になっていた。

——しかし、それができなかったから、いまとなって苦労しているのだ。

少佐時代に、二年にわたってアメリカに留学していた経験をもつ黛艦長は、しかもクリスチャンでもある。

捕虜たちを上陸させ、強制労働ということでなんとか命は助けてやれると思っていたので、

ついつい、処分することを遅らせてしまっていた。戦局の緊張したいまとなっては、残された八十名の捕虜を助けるということは、命令で不可能になってしまった――このままシンガポールへ入港するわけにはいかない。

「艦長、捕虜はどうするんですか、なんとかしなければ危険です」

「もし、敵艦隊に遭遇したら、大変ですよ」

などと、若い士官たちが詰め寄るたびに考えさせられていた。

リンガ諸島は、シンガポール東方やや南の海上に散在する島々からなっている。ここは遠浅の砂の海底で、水深が浅くて敵潜の侵入の危険もすくなく、作戦訓練上は天然の良港であり、艦隊の泊地には最適である。

いま、そのリンガ諸島のいくつかの島の間を西に向かって、いくつもの水道をぬけるように航行している。

この水道は、敵の潜水艦が出没する危険はすくないため、速力を落として微速六ノットで航行しているが、念のため、之字運動は展開している。この之字運動も、単独航行であるた

め比較的に楽である。

とくにこのような低速で走るのは、今夜中に捕虜を処分しなければならないという任務がひかえている――その作業のためだ。

赤道直下の西南太平洋である。ここでは、鉄の塊りである軍艦の上では、日中は灼熱の太陽に照りつけられて、露天甲板から焼けこむ暑さと、機関科缶室などから上がってくる熱気とで、上、下からの二重の暑さとなり、住居甲板は蒸し上がるような猛烈な熱さになる。

そんな環境の中に閉じ込められている捕虜たちはどんなに暑く苦しくても、上甲板に出ることはできない。

これをすこしでも楽にしてやれればと思い、黛艦長は、冷たいラムネを飲ませてやることにした。

「捕虜にラムネを飲ませるなんて、贅沢ですよ」

そういう声も聞かれたが、あえてこれを実行した。

昭和十五年五月――私がはじめて軍艦に乗ったのが、重巡「摩耶」であった。

一等巡洋艦には、ラムネ製造機がそなえてあった。その受け持ちが二分隊（高角砲）で、いつも、当番の相撲部員の下士官がラムネをつくっていた。

高角砲甲板を通りかかると、「プスー、プスー」という圧搾空気で詰めている音が聞こえてきて、それを聞くと、思わず立ちどまったものである。

「オイ！　一本飲め」

と言って、渡してくれたその一本のラムネの味は忘れられない。

連日の汗びっしょりになっての戦闘訓練や甲板手入れのあとは、それで生き返ったような気持になったのを覚えている。

## 捕虜を後甲板へ

赤道をまたいで南北に広がるリンガ海――そこに点在する島々の間を縫うようにして進む重巡「利根」の後甲板には、工作科分隊によってつくられた田舎芝居の仮舞台を思わせるような特設の台がそなえられてある。

角材や板を使ってつくられた、がっちりとした一段高い木甲板である。間もなく、この上で捕虜たちの処分が、実行にうつされようとしている。

中甲板に収容されている捕虜たちにとっては、ここは処刑される悲しい「マナ板」のようなものである。

……これをつくり上げた工作科分隊の者たちの気持も重い。

こうして特設甲板が準備された「利根」は、シンガポールに向かって、針路を西にとり、静かに航行している。

南海の夜空は綺麗に晴れ、南十字星が頭上に輝き、海は静かである。

前進微速六ノットで走る外舷には、之字運動で転舵するときにだけ外舷に当たる波が、ザザーッと軽い音をたてて流れ去る——艦尾に引く航跡が、わずかに白く浮き上がってみえる。

夜は、しだいに更けていく。

——そのころ、後甲板には、捕虜処分の実行を命じられた武技部員が、勢ぞろいして待機している。

日本海軍は、歴史的にも武技がさかんで、各部門にわたって多くの有段者がいた。

相撲なども、「プロ」に近い幕下クラスのベテランを筆頭に、厳しく鍛え上げられたなかなかのつわものがそろっていた。

戦艦「金剛」などには、十六志（昭和十六年の志願兵）とかいう六段格の、当時、日本海軍随一といわれた高段者もいて、強さといい体格といい、さらに風格までそろったまさにプロなみの兵であった。それが「愛宕」などにも他流試合に現われていたが、だれ一人、歯が立たなかった。

柔道も、各艦ごとに、五段ぐらいを頭に二、三級あたりまでが、早朝訓練などで鍛えられていた。

剣道部員にも猛者(もさ)が多く、有段者がそろっていた。当時、私のいた「愛宕」などでも、毎日のように後甲板で訓練していた。

練習が終わった夕食後などに、機関科特務少尉で七段格という名人が、居合抜きなどの抜刀術の模範演技を披露し、みんなの注目を集めていた——真剣そのものの日本刀を素抜きし、振りまわす勇ましい姿には、鬼気迫る迫力があった。

銃剣術部員は、海軍でも随一といわれる六段格の先任衛兵伍長の指導で、若い兵たちの技術は日増しに上達していた。

——いま、そういう猛訓練をうけた「利根」の武技部員たちが、後甲板に特設された白い木甲板をかこんで、緊張のうちに待機している。

之字運動で転舵するときだけ、小さな水飛沫(しぶき)が外舷に当たって吹き上げてくる。静かな夜の海である。

このとき、人生の最後を三、四時間後にひかえた八十名の捕虜たちは、何も知らないままに、この暑い中甲板の居住区に閉じ込められている。

この捕虜たちを、どうやって後甲板に連れ出すかということが、まず第一の問題であった。

そこで考えられたのが、捕虜たちを納得させるために、現在収容されている部屋が暑いから、もっと涼しい部屋に移してやると言って連れ出す、という方法であった。

重巡「利根」には、九百名あまりの乗組員がいる。その中に、さらに、八十名という捕虜を積んでいることは大変なことである。

ビルマ方面などへ行く陸軍部隊を便乗させることは、重巡以上の軍艦ではいままでもよくあったが、百名ぐらいでもかなり窮屈で、上甲板あたりでごろ寝することになる者も多かった。

そういう軍艦の中で、一定の場所に敵の捕虜を乗組員の一割ちかくも乗せているということは、監視の面からも大変なことであり、それが戦闘ということになったら、どんなパニックに陥(おちい)るか、どんなアクシデントが起こるかわからない――若い士官たちが言うことも当然なのである。

しかし、連れ出して処分するといっても、小銃や拳銃など飛び道具を使う方法では、その銃声のため、艦内に残されている捕虜たちが騒ぎ出して収拾がつかなくなる……という懸念で、隠密裡に実行できる日本刀と銃剣を使うことになった。

なにしろ、広いといっても海に浮かぶ重巡の中であり、しかも、八十名という数の捕虜を、狭い中甲板の通路を移動させるだけでも大変である。

さらに、残されている捕虜たちに気づかれないように実行するということは容易なことではない。

それに、人を殺すなどということは、だれも進んでやりたい者などいるわけがない。口では言っても、だれでもそういうものである。

とはいっても、命令となれば、どんなにやりたくなくてもやらなければならないのが当時の海軍であり、それが掟（おきて）というものであった。

この処分を実行させられる武技部員こそ、不幸な運命と言わざるをえない。このようにして、太平洋戦争中、あまたの島の小さな守備隊あたりで、いくつかの捕虜処分が実行され、やむなくそれにくわわったとしても、戦後になってから捕虜虐殺問題が生じ、それがため、戦犯として処刑される運命にいたった人も数多くいたのである。

戦争とは、あらゆる面で不幸や不運がつきまとうものである。

「利根」に収容されている八十名の捕虜の中には、白人とインド人のほかに二人の中国人がふくまれていた。

この二名の中国人がそろって、人並み以上に鋭い勘の持ち主で、つねにこちらの動きにたいして注意し、耳をそば立てている。

もしも、ほかの涼しい部屋に移してやるのだということが、自分たちの処分であるとわかったら、死に物狂いで暴れ出し収拾がつかなくなる、ということで、日本刀と銃剣で処置する方法に決定されたのである。

ところが、その勘の鋭い中国人が感づいたらしいということで、艦内に一瞬、緊張が走った。

このころの華僑といえば、南方の戦場各地にも根を張っていて、とくに、東南アジアから南方の島々の港などでは、手広く貿易やその他の事業を手がけ、物資の流れを固く把握——資材の調達力を握り、世界経済を動かすほどの力を持っていた。その実力は測り知れないものがあった。

その中国人である。それも天性の勘の鋭さを持つ二人の中国人が、その勘で聞き耳を立てはじめたのであるから、これは危ないということで、大急ぎで処分実行の準備を完了させることになった。

しかし問題は、この処分実行そのものである。

だれも人殺しなどやりたい者はいない。「利根」の実行者である当の武技部員たちも、捕虜とはいえども人間を殺すということは非道であり、悪であると考えている。

黛艦長の意見も、はじめからおなじである。

見るのも恐ろしい殺人行為など、たとえ敵の捕虜といえども進んでやりたい者は滅多にいるものではない。

しかし、やらなければ命令違反の罪に問われるのではないかと、恐れられていた。そのうえで選ばれたのが、武技部員である。彼らが分担してやらされることになったわけである。

こうして、昭和十九年三月十八日の午後十一時五十八分、もうすぐ、十九日になろうとしている。

リンガ水道の真夜中は、ますます不気味な静けさである。

薄暗い重巡「利根」の後甲板に急造された木甲板だけが、星の光りを浴びて白く浮き上がっている。

この木甲板の上で、これから最大の不幸きわまる事件が実行されようとしている……しかし、星空が映る静かな海面には、海水が白いウエーキを引いて、何事も起こらないかのように、音もなく舷側へ流れ去って行く。

いま、その甲板上に、白い事業服を着て手に日本刀を持つ剣道部員、その中には白いサラ

シに赤インクで日の丸を書いた鉢巻をしている部員もいる——そして、小銃に着剣をしてしっかりと握りしめている銃剣術部員たちがいて、さらに、前面中甲板からの出口付近には、柔道部員たちが、両手の拳を固く握りしめて待機している。

また、その出口めがけて照射するためのライトをセットした電機分隊の機関兵が、狙いをさだめ、いつでも照射できるようスイッチを握って待ちかまえている。

——第三者が何も知らずにこれを見たとしたら、何か動物でも洞穴から出てくるのを狙っていると思うような異様な光景である。

もうあとは、実行を待つばかりだ。

艦内は異状な緊張につつまれる。

そして、三月十九日午前零時。ついに開始が下令される。

心臓の破裂せんばかりの、不気味な沈黙がつづく――最初の捕虜が出てくるのを待つ。

夜空の南十字星が、ひときわ、大きく輝いている――いかにも、無言の証人であるかのように……さも、胸に十字をきるかのように。

そこへ、両腕を二人の衛兵に抱えられた一人の捕虜が、後甲板の出口から上がってきた。

その瞬間、待機して狙っていた電機分隊の強烈なライトが、その捕虜の顔面に直射され、思わずぐらっときて一瞬、眼が見えなくなる。

こうして、処分が開始された。

## 悪夢の三時間

人生には、運命という目に見えない糸に操られた針路があるように、国という国民の運命の集団の舵取りも、いつの間にか、思わぬ方向に変針する場合がある。

これを、単に時代の流れといって、ひと口に片付けることは出来ない。

太平洋戦争は、日本ばかりが一方的に悪かったのだと、現在は思い込まれているが、そのように、なんでも物事を、一辺倒できめつけられないことがある。

歴史は繰り返すというが、現在の世界の動きをみていても、みな共通した動きをしており、昔と変わりはしない。

湾岸戦争、北朝鮮、ユーゴスラビア、キューバ、ハイチなどの問題も、すべてに共通するところがある。

それは、経済封鎖から武力行使と進む道筋が、その問題解決の最大の糸口になっているということで、つまり、力の外交というわけである。

かつて、いまから五十四年前、米・英・中・蘭、すなわちＡＢＣＤ包囲陣という、きびしい経済封鎖に取り囲まれ、圧迫された日本は、一億の国民ともども生きてゆけなくなった……これが日米開戦の原因であったということを忘れてはならない。

日露戦争のときは、当時、日英同盟が結ばれており、また、アメリカという大国が仲裁に入ってくれたのでまだ良かったが、太平洋戦争の場合は、そのさらに超大国化したアメリカと戦争をはじめたのであるから始末におえなくなった。

まして、仲裁の頼みの綱であったソ連も、戦争の最終の土壇場になって、逆に足を引っ張るように参戦してきた。

――大風呂敷も、ほどほどに広げないと、まったく収拾がつかなくなる。それは現在の経済戦争とて変わりはない。

昭和十九年に入り、トラックを後にしてから、連合艦隊は完全に後退にうつり、態勢を立て直して進攻して来たアメリカ海軍に背を向けざるを得ず、つぎの作戦の立て直しに迫られていた。

その連合艦隊のパラオ後退を十日後にひかえ、重巡「利根」もまた、つぎの作戦に合流して訓練するためには、艦内にいつまでも大勢の捕虜をかかえているわけにはいかなかった。

ここへきては、好むと好まざるとにかかわらず、捕虜を処分しなければならない情況に追い詰められていたわけである。

といって、どこかの島に上陸させ、勝手に野放しにするというわけにもいかない。それこそ命令違反で、軍法会議にかけられて処断されることは決定的である。

こうして、「利根」の艦上では、異状な緊張のうちに武技部員たちの眼は、いままさに出て来ようとする最初の捕虜の姿を待ち、後甲板出口に向けられている。

いよいよ、最初の一瞬は迫っていた。

そのときである（三月十九日午前零時三分）。

ついに、二人の衛兵に両側から腕をかかえられて、一人の捕虜が上甲板出口にその姿を現わした。

待ち構えていた電機分隊の作業員が、ライトのスイッチをすかさず入れる。その捕虜の顔面を、強烈な光がパーッと照射する。

捕虜としては、蒸されるような暑さの中甲板から、ひやっとする露天甲板へ顔を出した瞬間であり、いかに赤道直下とはいっても真夜中の海上の空気は冷たく、また、微速とはいえ、走っている露天甲板では微かに心地良い微風を肌にうける——おお涼しい……と、ここち良さを肌で感じたかどうか、ほっとしたその瞬間に強い照明を顔面に直射されて、一瞬、眼がくらんで倒れそうになる。

そこへ、待ち構えていた柔道部員が飛びかかるようにして、その捕虜の鳩尾（みぞおち）あたりに強烈

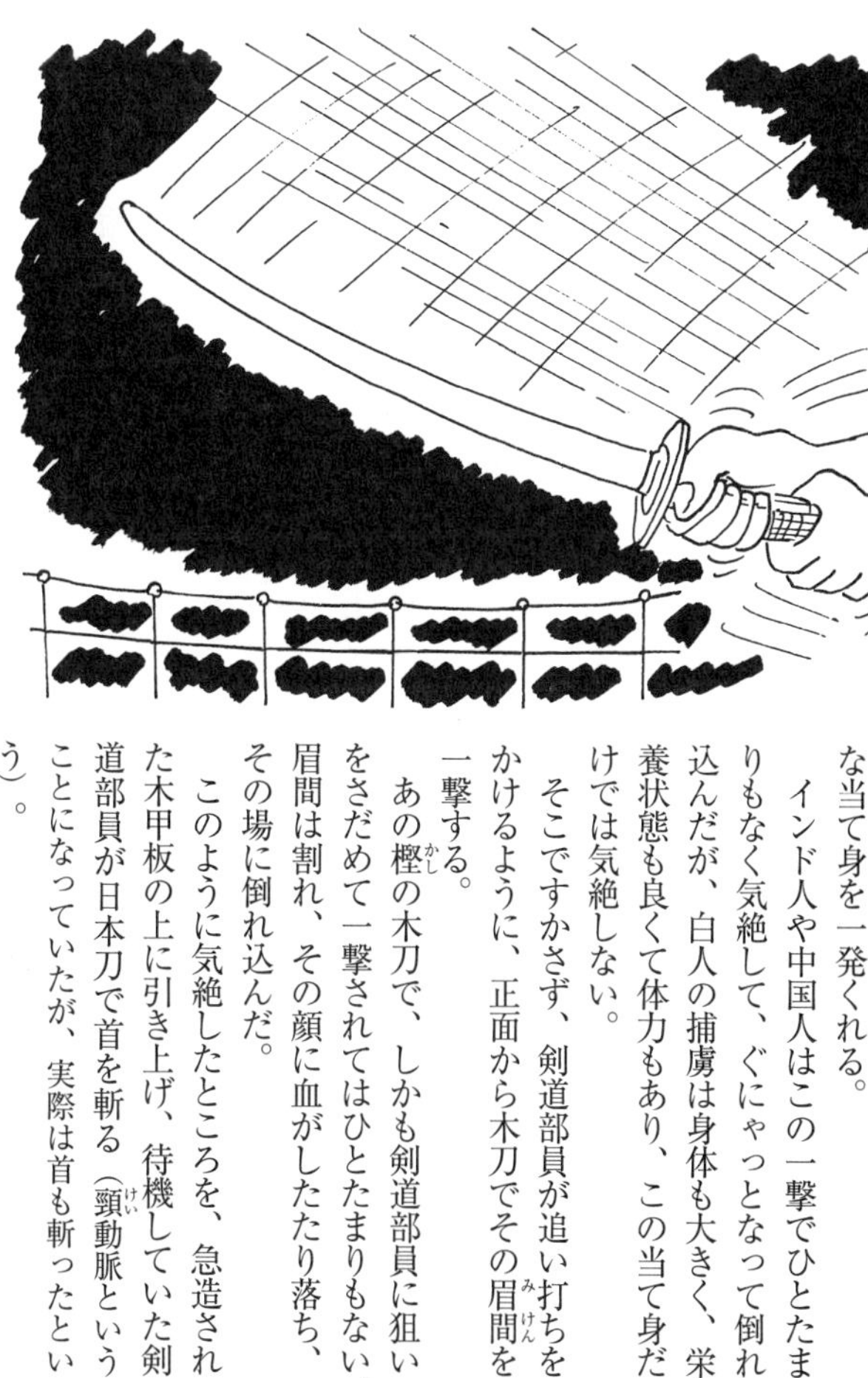

な当て身を一発くれる。

　インド人や中国人はこの一撃でひとたまりもなく気絶して、ぐにゃっとなって倒れ込んだが、白人の捕虜は身体も大きく、栄養状態も良くて体力もあり、この当て身だけでは気絶しない。

　そこですかさず、剣道部員が追い打ちをかけるように、正面から木刀でその眉間を一撃する。

　あの樫の木刀で、しかも剣道部員に狙いをさだめて一撃されてはひとたまりもない。眉間は割れ、その顔に血がしたたり落ち、その場に倒れ込んだ。

　このように気絶したところを、急造された木甲板の上に引き上げ、待機していた剣道部員が日本刀で首を斬る（頸動脈ということになっていたが、実際は首も斬ったという）。

その死体をそのまま海中へ投げ込むと、やがて海の中で死体にガスが発生して海面に浮上し、土左衛門になって漂流することになるため、胸や腹を銃剣で突き刺して孔を開ける。

こうして、血のしたたる捕虜の死体は、前進微速で走る「利根」の後甲板――ハンドレールの倒された外舷から、海中へつぎつぎと投入されていった。死体たちは、艦尾の白い航跡の中へ吸い込まれるように、つぎつぎに沈んで行った。

十九日午前零時三分に開始された捕虜虐殺（いや、黛艦長自身は虐殺ではなく生殺し状態から開放して楽にしたのだと言っていたが）は、このようにして延々と三時間あまりもつづけられ、すべてが完了したときは午前三時をすぎていた。

このころの戦局は、かなり緊迫していて夜のリンガ海とはいえ、敵潜水艦出没の危険はあった。

そのため、黛艦長は処分開始のあと、みずから艦橋にあって之字運動で走る「利根」操艦の指揮にあたっていた。

その間、悪夢の三時間の惨劇は終わり、後甲板は大量の血で染まったことは言うまでもない。

血にまみれたまな板のようになったその特設の木甲板は、工作科分隊の作業員の手によって撤去され、静かな海中へと投げ棄てられた。

また、おなじように血の流れた後甲板は、消火用ホースにより海水できれいに洗い流されて、何事もなかったかのように元の露天甲板に返ったが、関係者たちの心の中まで拭いさることはできないまま、この惨劇の姿はいつまでも消えることなく、その心の中に残りつづけることになる。

この惨劇が、そのあとにつづくマリアナ沖海戦やレイテ突入の航空戦、さらに、シブヤン海の戦艦「武蔵」撃沈の護衛を命じられたときなどに、黛艦長の心境にどのように響いたか、このことについては、一回三時間あまり、数回にわたって延べ二十時間にもなる会話の中でも、確実な証言は得られなかった。

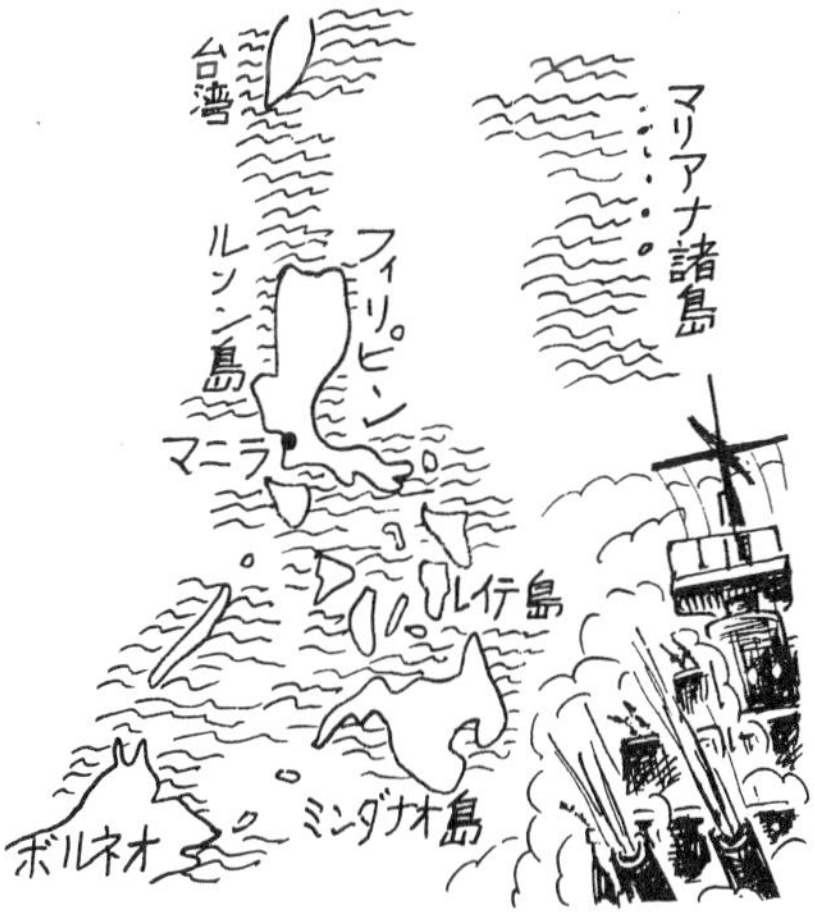

しかし、敗戦を予期していた黛艦長の当時の心境は、非常に複雑なものであったようである――レイテ海戦では、敵艦隊の中に突入して散華したい、そういう誘惑に駆られるそんな心境であったのではないか。

それを裏づけるかのように、十九年十月二十五日、敵の空母四隻を発見して突撃にうつったとき、「利根」は真っ先に突進。中止命令が出たにもかかわらず、「利根」は「羽黒」とともに中止することなく攻撃をつづけた。

この捕虜処分の惨劇事件は、敗戦後に問題

化した。

バタビアに上陸させられ、強制労働に服していた三十五名の捕虜の中から出た証言により、連合国側の知るところとなり、関係者たちはイギリスのB・C級戦犯として裁かれる運命となった。

こうして、サ号作戦の司令官・左近允尚正元中将は、その責任を負って死刑の判決をうけ、絞首台上の露と消えた……。戦争というものは、ここでも一人の名提督をこの世から消すことになる。

そして、「利根」艦長・黛治夫元大佐は、七年の重労働の判決をうけ、実質四年あまりの刑に服して釈放された。

昭和六十年に、前記のように著者は戦友小勝氏の紹介で、黛治夫氏と会った。

横浜市伊勢崎町の割烹料亭で、四時間にわたる思い出話を交(まじ)えた。そのとき、当時、「秋津洲」の軍医長であった人も交えて計四人の対談であった。

これを皮切りに、その年、数回にわたって証言を得た。その黛氏も、いまは鬼籍の人となった。左近允元中将の御霊とともに、ご冥福を心より祈る。

しかし、このような戦争の悲劇の数々は、半世紀の時の経過とともに忘れ去られようとしている。

しかも、それは現在つづけられているルワンダの惨劇とすこしも変わるものではないということを 心に銘記すべきである。

# 第一〇一敷設特務艇

昭和十六年十二月――このころ、開戦直後にイギリス領（租借地）ホンコンを急襲し拿捕したイギリス海軍電纜敷設艇は、浦賀ドックで改装が行なわれている。

それは、日本海軍の第一〇一敷設特務艇として生まれかわり、ブイ設置などの作業に従事することになっていた。

その敷設特務艇として生まれかわる作業は、浦賀ドックの技師や工員などはもちろん、外舷の手入れなどの簡単な作業は、緒戦に拿捕したときの捕虜である英蘭人などもくわえられていた。

毎日のように作業に来るこれらの捕虜たちも、休憩時間になると、四、五人がひとかたまりになり、嬉しそうに話し合っているのが眼についた。

この艇の改装復活を機会に乗り組みを命ぜられた山中英治二曹は、彼らの会話に興味をそそられ、片言の英語を使って聞いてみると、自分たちはこの船に乗っていたのだと言う。

不思議なもので、その船を自分たちが手入れするというのは、とても懐かしいと言っている。そして、

「あそこは、私のいた部署で、あそこは俺たちの部屋だった」などと、指差したりして懐かしそうに話し合っている。

まさに、運命というものの不思議さを感じる。

彼らは、日本人とは違い、捕虜であることを恥じるようすもなく、いたってのんびりと話している。

こうして、浦賀ドックで改装作業を終え、第一〇一敷設特務艇として生まれかわったイギリス海軍電纜敷設艇は、ブイなど、そしてその付属品を船倉いっぱいに積み込み、さらに上甲板にもあふれるほどに満載して、グアム島に向かって出発した。

この一〇一敷設特務艇が、やがて、思いもよらずサイパン玉砕に巻き込まれることになる。そして、捕虜となってアメリカに送られる奇異な運命へとつながってゆくことになろうとは、だれひとりとして夢にも思わぬことであった。

その特務艇が南下をつづける海上は、出港当初は快適であったが、小笠原父島をすぎるころから急に時化(しけ)だし、おりから発生した大型台風の中に突入することになった。

上甲板上に積み上げられているブイが流されるのではないかと、心配になってくる。

もともと、「オスタップ」型の長さの短い、幅の広い一〇一敷設特務艇は、木の葉のように荒波に翻弄(ほんろう)される。

乗組員は、ほとんどが応召兵であり、まったく気勢は上がらない——酒ばかり飲んでいるありさまで、こんなことで海上でのブイ設置作業などできるのかどうかと、いささか心配になってくる始末だ。

現役兵は、山中をふくめてわずかに三、四名——海軍の掟(おきて)など、およそ通用しそうにもな

い老兵たちのこうした姿には、いささかあきれ気味になってしまう。

　しかし、十二メートルにもなろうとする高波のうねりには、さすがの応召兵たちも船酔いで、静かになってくる。

　台風の通過したあとの海上では、ふたたび、べたなぎの静かな海になる。

　油を流したようなその静かな海上を走る甲板上から、応召兵たちは船酔いを忘れ、釣り糸を垂れて魚釣りをはじめる。

　これがまた、元漁師だったとかいう兵隊がいて、面白いように釣れる。夕食のあとともなると、この釣った魚を肴にして、また焼酎をあけての酒盛りである。

　三十代後半と思われるこの老兵たちは、まことに元気である。二十代前半の山中たち現役兵にとっては、この三十五、六歳の人たちが、いやに老兵に見える。

しかも、こう酒ばかり飲んでいては、果たしてブイ設置作業になったらどうなるんだろうと、つい不安になってくる。

この応召兵たちはみんな兵であり、階級としては下士官である山中二曹は上官になるのだが、海軍の大先輩たちに文句を言うわけにもいかない。そこが、麦飯の数——といわれる、海軍というところの特殊な社会というものなのだ。

ところが、いざ入港して、「ブイ」設置作業に取りかかる段になると、この老兵と思っていた応召兵たちは、見違えるように活発になり、敏捷（びんしょう）に身体を動かし、つぎつぎと巨大なブイを難なく設置する。その作業ぶりたるや、まさに、海軍魂を見せつける見事なものであった。

こうして、グアム島のブイ設置作業を終えた一〇一敷設特務艇は、つぎの予定地であるサイパン島に向けて出港した。

このころ、すでにトラック、パラオなどをつぎつぎに大空襲した敵機動部隊は、つぎの目標をサイパン島、つまり、日本の絶対国防圏の一角に向かって、態勢をととのえつつ接近していた。

人生はあざなえる縄の如し……というが、まさにそれを地で行くような運命に晒されることになるとは、山中二曹は夢にも思わなかった。

六月二日、第一〇一敷設特務艇はサイパンに入港した。

## 特務艇乗員の特攻

日本海軍では太平洋戦争の終結までに、正規空母十三隻、改造空母十二隻、計二十五隻の空母を竣工就役させていた。

その空母も、ミッドウェー海戦の敗亡により、正規空母四隻を失ったのをきっかけに減少をつづけ、マリアナ沖海戦で第一機動艦隊が惨敗、そこで空母三隻を失ったあと、捷一号作戦に出動する空母は、わずか六隻しか残っていなかった。

その六隻のうち、正規空母は「瑞鶴」ただ一隻で、あとは水上機母艦改造の「千歳」と「千代田」、潜水母艦改造の「瑞鳳」、そのほかに、旧型戦艦「伊勢」と「日向」の後部二砲塔を撤去して飛行甲板に改造した航空戦艦二隻だけという状況である。

しかも、これら空母に搭載する航空機の数も、わずかに百七十六機ときわめてすくなく、そのうえ、もっとも憂慮されたことは、この残された飛行機を操縦するベテラン・パイロットの数がすくないことであった。

空母ばかりでなく、残された日本海軍の勢力といえば、「大和」「武蔵」など第一艦隊の戦艦を編入した第二艦隊の水上部隊で、その内容は、戦艦七隻、重巡十二隻、軽巡二隻、駆逐艦十九隻の計三十九隻であった。これが、残された日本海軍の最後の戦闘部隊である。

絶対国防圏として東條内閣が設定したサイパン島が、いよいよ玉砕の危機に瀕し、西の海の夜空を仰いで、むなしく連合艦隊の救援を待ちわびるころ、サイパン島の守備隊と在留邦人のそういう心を見捨てるかのように、敗北反転した第一機動艦隊は、呉に帰港した。

そして、対空兵器を強化するため、上甲板以上のいたる所に機銃を装備、巡洋艦以上の大檣上にはレーダーを取り付けて対空戦闘にそなえた。

しかし、重油不足のため、日本近海での訓練を行なうことができず、スマトラのパレンバンに近いリンガ泊地に集結して訓練にはげみながら、つぎの戦いにそなえようとしていた。

このころ、グアム島のブイ敷設作業を終えた海軍第一〇一敷設特務艇(艇長・緑川大尉)は、つぎの目的地サイパンを経て日本内地に帰港する予定で、タナバク湾に入港していた。

そこへアメリカ機動部隊が来襲し、そのため船体を破壊されて海岸の浅瀬にのし上げて、やむなくキングストン弁を抜いて自沈——山中二曹ら全員が上陸して、戦闘に参加していた。

絶え間ない連日の空爆と艦砲射撃の猛攻の前に、サイパン島はほとんど破壊され、ついに大量の敵軍が上陸を敢行してきた。

日本軍の司令部は、それぞれの洞窟にこもって抵抗をつづけていた。しかし、こういう状況下、連合艦隊は、マリアナ沖海戦に敗れたあとは、これを救援する戦力を保持していなかった。

こうして、玉砕の瀬戸際に追いつめられたサイパンの守備隊は、最後の抵抗の一つとして、破甲爆雷による三人一組の特攻を決行することになった。

その特攻の一隊に編制された山中英治二曹を長とする三人は、第五根拠地隊司令部を訪れたあと、サイパン島守備隊最高指揮官である中部太平洋方面艦隊司令長官たる南雲忠一中将を、その司令部洞窟に申告のため訪れていた。

南雲長官に相対した山中二曹は、長官の前に正座していた。

南雲長官は、第一種軍装を着用し、中央の粗末な椅子に腰掛けている。

足は素足に草履ばきという出で立ちだが、小柄といわれたその南雲中将がこのとき、山中の眼にはすごく大きく映った。

ガリガリ頭で入道のように感じる南雲長

官の両脇には、参謀たちが並んで胡座をかいて座っていた。

山中たち三人を見下ろした南雲長官は、

「お前たち、行くのか」

と、声をかけた。

そのひと言が、山中二曹の腹の底までぐーっと響いてきた。

「ハイッ」

と答えると、うしろに座っていた二人の部下の兵も、そろっておなじように、

「ハイッ」

と答える。

山中ら三人は、そのまま顔を上げ、南雲長官の顔を見つめる。その眼は優しく微笑んでいた。

〝……お前たちだけをやりはせぬ〟

その眼は、そう言っているようであった。

両脇の参謀たちも、山中と眼が合う。

この間、ピリピリとした緊張がつづいて、胸が締めつけられるような息苦しさを感じていた。

そんなときだ。長官が、すっと立ち上がって洞窟の外へ出ようとした。

歩き出した南雲長官のうしろから、参謀の一人があわてて、

「長官！　どちらへ？　お供します」

と、追いすがるように声をかけた。

そのピリピリと張るような緊張した空気の中で、

「小便だよ」

と、いとも簡単に長官は言う。

――あまりうるさく付きまとうなよ、といった雰囲気であった。

この長官と参謀のやりとりで、緊張していた洞窟の中で、空気が急に和(やわ)らぐ。

なにか、ほっとした気持がみなぎる。

「お前たちに、長官が食事をあたえる。食べて行け！」

と言う参謀の声に、山中二曹ら三人は別の場所にうつり、食事をとった。

主計科の下士官が運んできた夕食は、アルマイトの食器に盛られた白米飯（ギンメシ）に、味噌汁と沢庵である。

これは、いまのサイパンでは容易に口には

できない食事であるが、洞窟生活とはいえ、司令長官がこのていどの食事なのか……と、いささか驚くと同時に、ひとしおサイパン島の窮状が身に染みてくるような感じだ。

その夕食を終えて洞窟を出た三人は、特攻の出撃準備にとりかかる。

午後九時の出撃ときまる。

携行する兵器は、破甲爆雷六コ、手榴弾六コである。

この破甲爆雷という珍しい兵器は、陸軍の新兵器である。敵の戦車の装甲鈑に、強力な磁力で接着させるもので、発火装置のボタンを押して投げつければ、戦車に吸着して炸裂し、その一コで戦車の戦闘力を失わせるという強烈なものである。

大きさは弁当箱大で、これを黒く塗りつぶした石油缶三コに分けて、油紙につつんで入れる。石油缶（チンケース）は、海中で浮力をつけるため、これ以上は入れられない。

山中二曹ら三人全員、顔と手、襟首など、外部に出ているところに墨汁を塗りたくり、暗夜に見えないように偽装する。

鉄カブトは、電波兵器に探知されやすいため、いっさいかぶらない。

友軍の哨戒網を突破するための合言葉は、「忠節」と「礼儀」とされ、これを哨戒兵とかわす。

いよいよ、出撃である。

山中二曹を先頭に、十五メートル間隔で三人は進む。しんがりは高橋兵長。

空は曇って、雲量は七ぐらい――わずかに雲の切れ目から月の光が洩れてくる。

ときどき休んでようすを見ては歩いてゆく。一時間あまり進み、砂浜が長くつづいたところへ出る。

三人は、しばらく休んだあと、海水の中へ足をふみ入れる。

そのとき、足元の砂浜に大きな靴の足跡が残っているのが、雲の切れ目から洩れた月の光に映った。

一つ、二つ、三つ、四つ——その大きさでアメリカ兵のものであることがわかる。

しばらく浅い海水の中を進むと、海水が泥濘状に変わってきた。深さは十五センチか二十センチぐらいであるが、歩きにくくなってきて、踏み込んだ足が、なかなか引き抜けなくなって苦労する。

そのときである。突然、左手斜面の上方、密生した灌木の後方から、真っ赤な閃光が光り、炸裂音が響いてきた。

「ダダダダー」

その閃光は、みるみる斜面を下ってくるとともに、光の線を曳いて、

「プス、プス——」

と、砂浜に射ち込まれる。

弾丸は、つぎつぎと砂浜に線を引いて走る——アメリカ軍の新兵器・無人探知機にひっかかり、作動したのだ。

無人ロケットの集中発射である。

幸いにも、三人は無傷であった。

このあと、三人はなお前進をつづけるが、鉄条網などの障害物に阻まれて進行できず、夜明け近くになってしまい、ひとまず特攻決行を断念せざるをえなくなる。

三人は、爆雷を入れたチンケースを砂浜に穴を掘って埋め、その上に目印として三コの石をのせた。つぎの作戦のときに見つけやすいようにしたのである。

今夜あらためて再起決行するため、三人は引き返すことにする。

このようにして、山中二曹たちの特攻作戦の第一次行動は断念されたが、小洞窟にもどって来たその日の敵の空爆によって、山中は頭部を負傷してしまい、その夜の第二次決行は中止せざるをえなくなった。

彼らのかわりに、別の三人が行くことになったが、これも途中までうまくいかず、結局、引き返して来た。

その後、山中たちが小洞窟に帰ってから五日間がすぎ、洞窟にはもう水も食糧もすくなくなり、ほんのすこし残った米を炊く水さえなくなってきた。

罐詰の野菜水の残りも入れて、水は一日に四合ぐらいですごしてきたのであるが、洞窟の生活もついに万策尽きてしまった。炎熱のサイパンで、いままでよく持ったものである。

しかし、この洞窟の中は、口に入れるものがあったことだけでも幸せであった。それも飲む水さえ口に入らなくなったまま、さらに四、五日経過する。

その間に、危険を冒してドンニー湧水場に水汲みに走るが、交替して行くものの一苦労で

ある。水さえも思うにまかせなくなっては、この灼熱の炎天下では、間もなく命を終える者も出てくるであろう。

　いつまで持つものであろうか、このままいつまでつづくのだろうか——洞窟内の者はみなひとしおに想いをつのらせる。果たして、どこまで持ち、どんな結果になるのだろうか……。

　このような状況の中で、山中二曹たちが乗り組んでいた第一〇一敷設特務艇員は、ここで解散することになった。

　艇長の緑川大尉は、部下の労をねぎらった訓示のあと、

「武器、弾薬、そして食糧など、八方手を尽くしたが、ここへきてまったく目途が立たなくなった。

　本日、司令部より、手榴弾各一コをみなに配布される。じつに残念ながら、戦況はわれ

にきわめて不利であり、諸般の状況にかんがみ、本日、ただ今より、第一〇一敷設特務艇乗員としての戦闘行為は解き、各自、みずからの責任において行動することになる」

と、言い渡される。

## 南雲機動部隊

マリアナ群島、サイパン島玉砕を目前にした、陸海軍守備隊の最高指揮官・南雲忠一海軍中将の人生、その栄光から玉砕までの道程(みちのり)を最大戦速で振り返ってみると、中将は山形県米沢市の出身、明治二十年三月二十五日生まれで、サイパン玉砕当時は五十七歳である。

明治三十八年十二月二日、海軍兵学校入学(三十六期)。卒業は明治四十一年十一月二十一日。卒業成績は、百九十一人の中で七番という優秀な成績であったという。

任官後の経歴は、海軍砲術学校、水雷学校のいずれも普通科学生、海軍大学校乙種学生、水雷学校高等科学生、海軍大学校甲種学生と、主要学校を経て、頭脳優秀な海軍士官の道を歩む。

海軍大学校甲種学生を優秀な成績で終えると、海軍少佐に任官。

その後は、軍令部参謀、海軍大学校教官、第十一駆逐隊司令、軍令部第二課長、第一水雷戦隊司令官、第八戦隊司令官、水雷学校校長、第三戦隊司令官、海軍大学校校長などを歴任し、第一航空艦隊司令長官となる。

そして、日本海軍で最初に編成された機動部隊を率いて、ハワイ奇襲に成功するという、海軍士官としてのエリート・コースから栄光への道を歩んで来た。

海軍でその上といえば、第一艦隊司令長官か第二艦隊司令長官であり、またその上といえば、連合艦隊司令長官、軍令部総長、海軍大臣などである。

南雲中将は、海軍士官としての最高のコースを登りつめたと言ってよい。

この南雲忠一中将は、豪傑型であったが、非常に細心かつ緻密な秀才であったという。また、連合艦隊司令長官・山本五十六大将の信頼が厚かったといわれる。

日本海軍の人材登用には、兵科士官を機関や主計など他の兵種士官より上位に置くという「軍令承行令」のワクがあった（太平洋戦争中に改正される）。海軍大将には、兵学校出身の士官しか、事実上なれなかったのである。

さらに、海軍というところは、「年次」と「ハンモックナンバー」を重視していた。また、抜擢昇進は大佐どまりで、提督（将官）は先任序列にしたがうという内規があった。

そこがアメリカと違うところで、アメリカでは、少将（将官）以上は実力主義によって昇進した。

海軍には、提督から一兵卒にいたるまで考課表というものがあって、個人の経歴が記入されている。それが昇進などの基準になっていた。

まして、士官になると、同階級、同期といえども、毎年序列は変動し、厳正に格差がつけられていた。それは、現在においても変わっていない官庁人事とおなじであり、海軍大臣の専管事項であった。

南雲忠一中将が、第一航空艦隊司令長官として機動部隊を率い、ハワイ奇襲を敢行して成功したことによって太平洋戦争は幕を開け、そのことで栄光の司令長官として、一躍、脚光を浴びたのであったが、その後、ミッドウェー海戦に敗れてからは戦歴にめぐまれなかった。

このミッドウェー海戦は、日本海軍が太平洋戦争を通して、ゆいいつ、空母、飛行機、水上艦隊ともども、挙げて優勢な戦力で戦った海戦であり、これに敗れたことで、日本海軍にかぎりなく大きい打撃と不安をあたえ、再起不能ともいえる状態に追い込まれてゆく最悪の成り行きとなった。

ここに、南雲中将の「栄光から玉砕」への悲運の道が敷かれたといえるのかもしれないのである。

これ以上ない大成功といわれた「ハワイ奇襲」にしても、直接にアメリカ、ハワイの真珠湾を奇襲攻撃したということで、アメリカ国民を逆に奮(ふる)い立たせる結果につながり、政略的には取り返しのつかない失敗であったとされるが、そういう意味からすると、超大国アメリカを相手に戦争をはじめたことが、そもそも間違った舵取りであったといえる。

ミッドウェー敗北のあと、南雲中将は山本五十六長官の信頼をえて、自決の心境から再起への道を直進するかにみえた。

このミッドウェー海戦は、当時、大本営の発表によれば、軍艦マーチ入りの大戦果の発表であった。

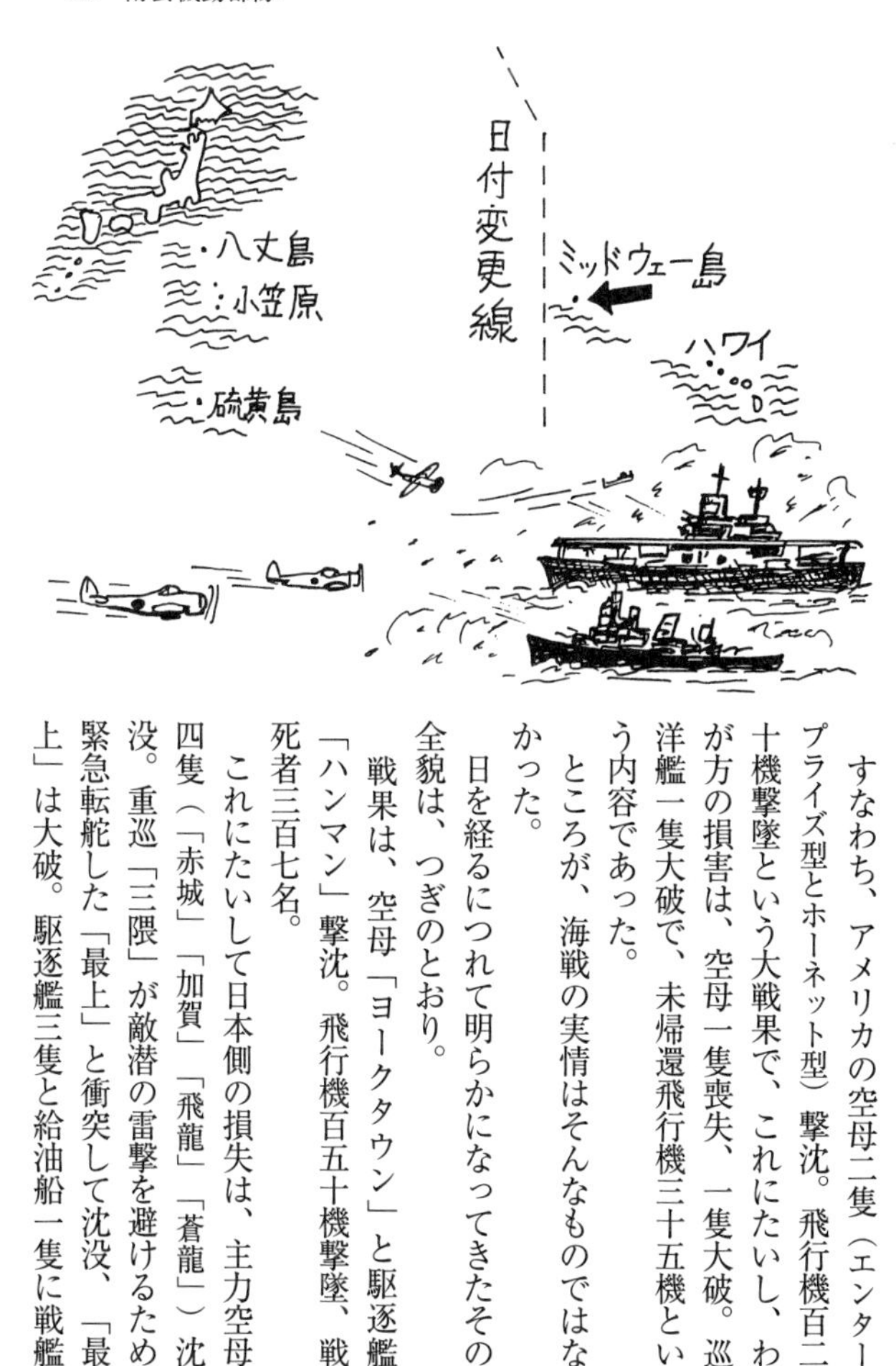


すなわち、アメリカの空母二隻（エンタープライズ型とホーネット型）撃沈。飛行機百二十機撃墜という大戦果で、これにたいし、わが方の損害は、空母一隻喪失、一隻大破。巡洋艦一隻大破で、未帰還飛行機三十五機という内容であった。

ところが、海戦の実情はそんなものではなかった。

日を経るにつれて明らかになってきたその全貌は、つぎのとおり。

戦果は、空母「ヨークタウン」と駆逐艦「ハンマン」撃沈。飛行機百五十機撃墜、戦死者三百七名。

これにたいして日本側の損失は、主力空母四隻（「赤城」「加賀」「飛龍」「蒼龍」）沈没。重巡「三隈」が敵潜の雷撃を避けるため緊急転舵した「最上」と衝突して沈没、「最上」は大破。駆逐艦三隻と給油船一隻に戦艦

「榛名」がそれぞれ小破。喪失飛行機三百二十二機(そのうちの二百八十機は、空母とともに炎上）。戦死者約三千五百人という惨状であった。

しかも、戦死約三千五百人のうち、三百四十人のベテラン・パイロットの喪失は、その後の戦局に重大な影響をおよぼすことになる。また、太平洋戦争ではじめて提督（山口多聞少将）を失う。

この実情が国民の前に明らかにされるのは、戦争が終わってからであり、国民はまったくカヤの外におかれたままの形で、戦いの舵取りをつづけていたことになる。

こうして、ミッドウェー海戦に敗れた傷心の南雲中将は、軽巡「長良」で六月十三日、呉に入港。翌日、入港した旗艦「大和」を訪れ、山本長官に挨拶した。そこで思い遣りのある山本長官の言葉に感動したが、心は晴れなかった。

一ヵ月後、山本長官のはからいで、南雲中将は第三艦隊司令長官となり、再度、戦場をもとめて南太平洋に出撃した。

その勢力は、空母六隻（「翔鶴」「瑞鶴」「瑞鳳」「飛鷹」「隼鷹」「龍驤」）に戦艦二隻、重巡四隻、軽巡一隻、駆逐艦十六隻、計二十九隻の大機動部隊である。

この大機動部隊を率いて、ミッドウェー海戦の仇討ちに燃え、昭和十七年八月二十四日の第二次ソロモン海戦、同二十六日の南太平洋海戦と奮戦するが、思うような戦果は挙げられなかった。

この南太平洋海戦の戦果に判定された、敵空母四隻、戦艦一隻、その他一隻の撃沈を花道に、佐世保鎮守府司令長官に転出。昭和十八年六月二十一日、呉鎮守府司令長官へ転任した。しかし、その二ヵ月前の四月十八日、山本五十六大将がブーゲンビル島の上空で戦死という報に、衝撃をうける。

その後、昭和十九年三月——中部太平洋方面艦隊が編成されると、南雲中将はみずから進んで、その司令長官に就任した。

その中部太平洋方面艦隊の司令部所在地が、「サイパン島」である。

このころ、勢いに乗ったアメリカ軍は、ギルバート諸島のマキン、タラワ、マーシャル群島のクエゼリンを攻略し、二月十七日にはついに、日本海軍最大の根拠地トラック島を、そして、パラオも空襲し、つぎはサイパン島に殺到するであろうことは目に見えていた。

このようにして、日・米戦勢を逆転させたミッドウェー海戦が、いかに重大な戦いであったか、その規模がどんなであったかを振り返ってみると、その敗北が日本海軍にどれほどの衝撃をあたえたか、また、敗北の原因がどこにあったかがわかってくる。

山本五十六連合艦隊司令長官をして、その心中でミッドウェー海戦を急がせた原因は、昭和十七年四月十八日のアメリカ軍爆撃機B25の日本本土空襲にあるといわれている。

日本側のもっとも手薄な太平洋中央突破の形で、その日本本土空襲は行なわれたのである。ドーリットル陸軍中佐指揮によって、アメリカ空母「ホーネット」から発進したノースアメリカンB25十六機は、分散して京浜、名古屋、神戸、新潟などを初空襲し、爆弾や焼夷弾を投下した。

警報の発令は遅れるとともに、その後の被害情況も軽微と発表され、くわしい真相は明らかにされなかったが、この本土空襲が国民にあたえた精神的ショックは大きかった。

ここで、太平洋戦争の舵取りは急速に変針せざるを得なくなった。

山本司令長官の心中は、戦いが長期化すれば、日本はかならずジリ貧になる、そこでいっきょにミッドウェー作戦を仕掛け、アメリカ艦隊の出て来たところを全滅させてミッドウェーに進む、そこからハワイを経てアメリカ本土をうかがわせ、アメリカに不安と恐怖をあたえ、そのうえでいっきょに講和にもっていく……これが山本長官の作戦であったといわれる。

しかも、この作戦は、ほとんどが成功確実と思われていた。

作戦計画は、「連合艦隊司令長官は陸軍と協力し、ミッドウェーおよびアリューシャン西部要地を攻略すべし」というものであった。

参加兵力は、圧倒的にわが方が優勢で、主力艦隊——空母八隻を中心に九十三隻。補給船や監視艇などをくわえると、参加艦艇総数三百五十隻あまり、飛行機一千機以上、人員約十万名であった。

これにたいして、アメリカ海軍の勢力は、空母三隻を中心とするもので、その空母もアメリカ艦隊で健在であったのは「エンタープライズ」ただ一隻であり、それに大西洋から急遽、パナマ運河経由で回航した「ホーネット」、さらに、珊瑚海海戦で日本艦隊からうけた被害を修理中の「ヨークタウン」まで、修理の作業員を乗せたままの応急出撃というものであった。

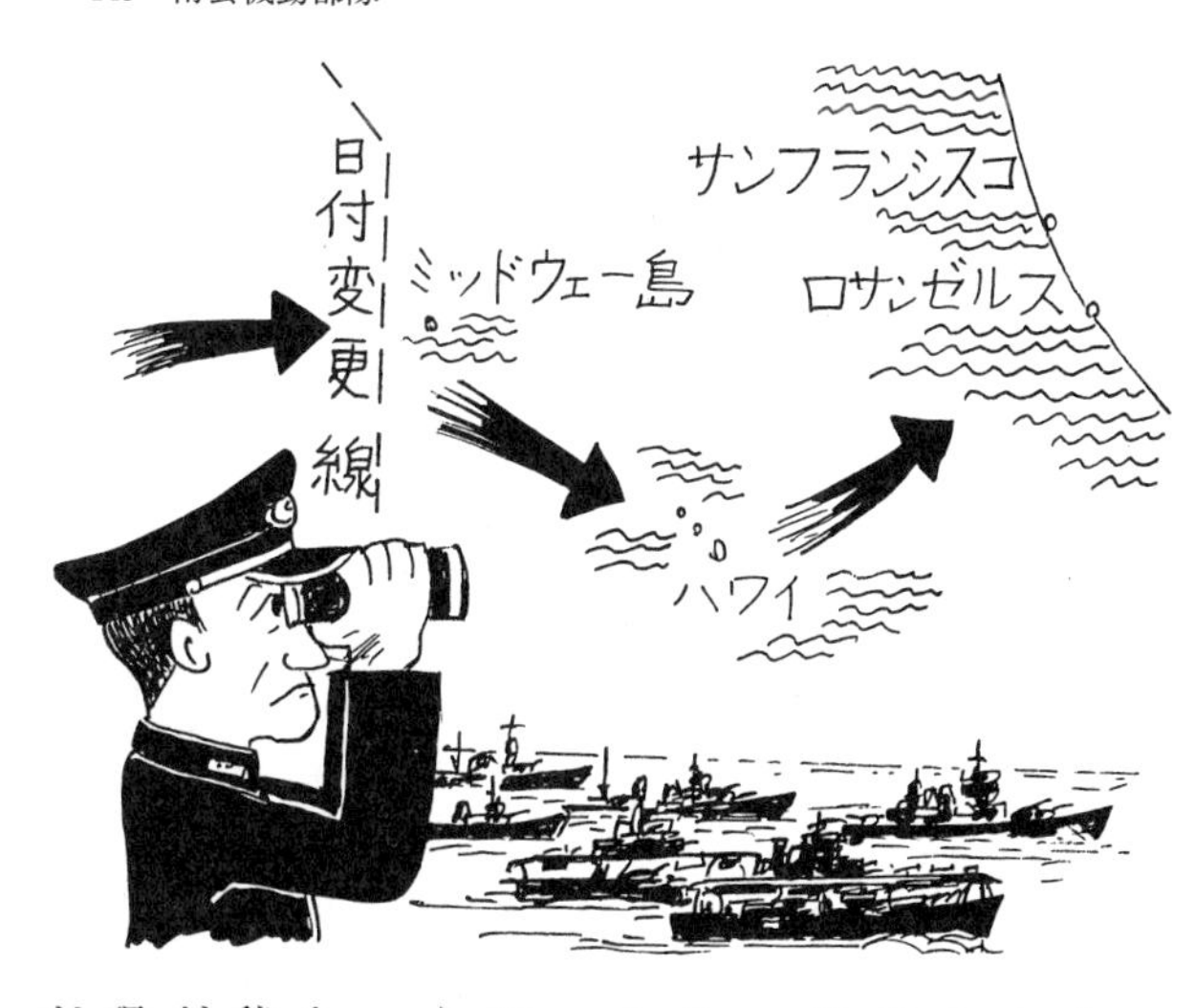


そのアメリカ海軍の陣容は、この空母三隻のほかに、重巡七隻、軽巡一隻、駆逐艦十五隻、潜水艦十九隻で、あとはシャノン大佐指揮のミッドウェー島守備隊三千名と、空母機をのぞく戦闘機、爆撃機など百二十機であった。

そのほかは、直接参戦しないハワイにある第七航空部隊と、パイ中将の戦艦を基幹とする少数の艦隊であった。

ここで、攻める日本と守るアメリカとの間に、戦闘に臨む心構えの違いがあったようである。

飛行機の発進ひとつをとってみても、敵を目前にして、やれ爆弾だ、魚雷だなどと積み替えるといった悠長なやり方が日本側だとすると、「ヨークタウン」のように修理なかばのものでも応急出撃し、航行しながら修理して海戦に向かうのがアメリカのやり方で、この心構えの違いが作戦の趨勢に影響するのは当然であろう。

ときにより、臨機応変に、即応して思い切った行動ができないと、勝てるものも勝てず負けてしまう。

兵装転換せず、「ただちに攻撃隊発進の要ありと認む」という、第二航空戦隊司令官・山口多門少将の意見上申をもし入れて全機発艦していたら、戦況はまったく変わっていたかも知れない。

なんでもお役所仕事的なやり方では、危急存亡の秋に間に合わない。

これはなにも、海戦ばかりではない。現在の政治、経済、あるいは外交、阪神大震災にみられる災害時などの舵取りにも当てはまることである。

日本は、あまりにもお役所形式になりすぎてはいなかったか——五十三年経った現在でも、本質的にはあまり変わっていないように思われる。

これからの地球号航海の中にあって、日本丸の舵取りは、ますますその手腕が試されるであろう。とくに、これからの経済戦争で、ふたたび、ミッドウェー敗北の二の舞を踏まないよう望みたいものである。

攻める日本側の出撃陣容は、アリューシャン攻略の第五艦隊は、司令長官・細萱戊子郎中将を指揮官とし、第二機動部隊空母「龍驤」「隼鷹」、重巡二隻と駆逐艦三隻を基幹に、角田覚治少将の重巡一隻、軽巡三隻、駆逐艦十隻、計十四隻をくわえて、昭和十七年五月二十六日、大湊を出撃した。

これにたいし、ミッドウェー上陸部隊を乗せた船団は、五月二十八日、サイパンを出発した。

一方、近藤信竹第二艦隊司令長官の指揮する攻略部隊は、空母「瑞鳳」に戦艦二隻、重巡四隻、軽巡一隻、駆逐艦八隻、計十六隻で、五月二十九日、瀬戸内海を出撃した。

さらに、山本五十六連合艦隊司令長官直率の主力部隊が、これにつづく。

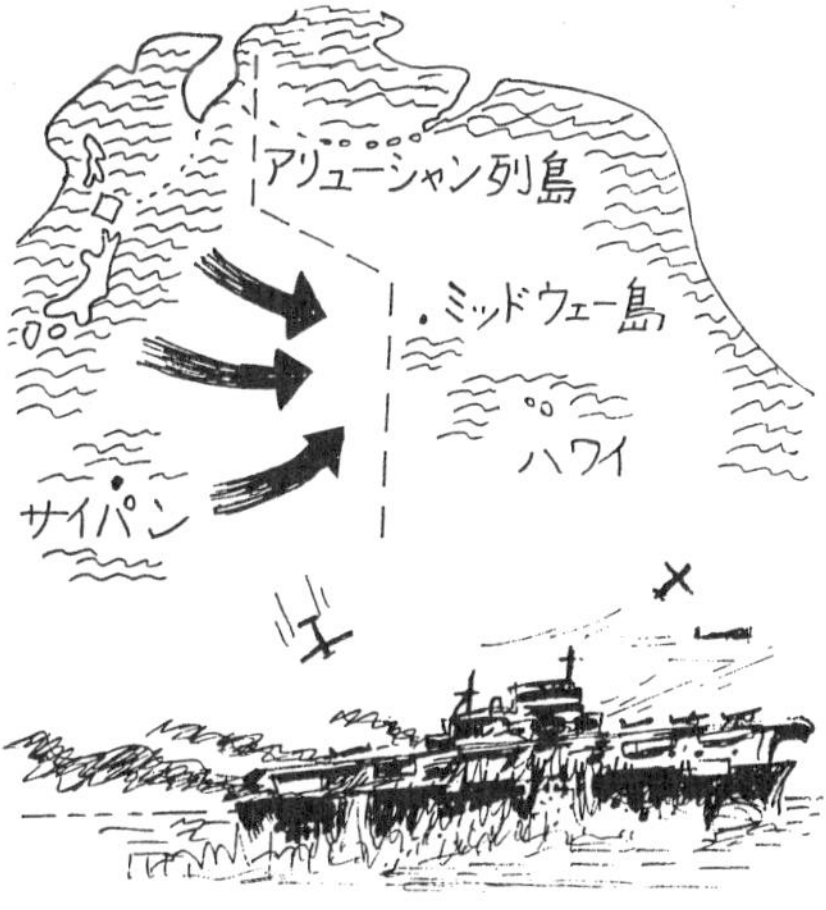

その主力部隊は「主隊」と「警戒部隊」の二隊にわかれる。主隊は、戦艦「大和」「長門」「陸奥」、空母「鳳翔」、軽巡一隻、駆逐艦九隻で計十四隻。警戒部隊は、第一艦隊司令長官・高須四郎中将が率いて、戦艦四隻「伊勢」「日向」「山城」「扶桑」、軽巡二隻と駆逐艦十二隻、計十八隻である。

この作戦のもっとも中心であり、主力部隊である第一機動部隊（司令長官・南雲忠一中将）の編成は、空母四隻「赤城」「加賀」「飛龍」「蒼龍」、戦艦「霧島」「榛名」、重巡「利根」「筑摩」、軽巡「長良」、および駆逐艦十二隻の合計二十一隻に、油槽船八隻が付属する。

この主力部隊である南雲機動部隊は、山本長官直率の本隊より二日早く、五月二十七日、広島湾柱島錨地を出撃し、六月五日のミッドウェー空襲につづいて、六月七日にはミッドウェー攻略と、すべては計画どおり、着々と進行しているはずであった。

この作戦計画の各部隊の配置は、先遣部隊である第六艦隊司令長官・小松輝久中将率いる潜水艦十五隻を、ミッドウェー東方海上——つまり、ハワイから来るアメリカ機動部隊の予想航路警戒にあたらせ、山本大将の主隊は、ミッドウェー北西六百マイル（一千百十一キロメートル）、高須中将の警戒部隊は、その北方五百マイル（九百二十六キロメートル）、そして、攻撃主力である第一機動部隊（南雲艦隊）は、山本大将の主隊の東方三百マイル（五百五十六キロメートル）、近藤中将の攻略部隊は、ミッドウェー西方四百マイル（七百四十キロメートル）、というものであった。

これが、ミッドウェー上陸予定日の前日、すなわち、日本時間六月六日における各部隊の位置であった。

日本海軍の連合艦隊総出動で総力を挙げた作戦とはいえ、こんなに各部隊が離れていては、共同作戦は事実上、不可能であり、また、主力部隊である南雲艦隊が、単独行動の形になっていた。

これでは、他の艦隊の支援は望めず、南雲艦隊は単独で、ミッドウェーと敵機動部隊を撃滅するしか勝利の道はなかった。

それほどに、南雲艦隊にかかる責任は重かったということである。

このような作戦態勢は、艦隊が一体となって敵を攻撃するという日本艦隊独得の作戦計画に合致しなかった。

つまり、こういうバラバラの作戦行動では、一方が攻められた場合、これを援護するためには、二十ノット以上で走っても二十時間以上も必要とし、それでは戦闘が終わったあとになってしまう。

そういう点から、南雲艦隊以外の部隊は、勲章をもらわんがために参加したなどと、陰口をたたかれた。

だが、南雲機動部隊のもっとも中心となる参謀長・草鹿龍之介少将は、これにたいし、なんの不安も感じなかったという。

そこには、ハワイ奇襲の成功にはじまって、マレー沖海戦などの連戦連勝による自信の現われがあり、ひとたび、われら機動部隊出撃となれば「鎧袖一触」なにごとかあらん……という勢いがあった。

また、どの艦隊もここで出撃しなければ、戦争が終わってしまうのではないか――という思いもあったといわれている。

大きな自信と、そして油断があったというべきである。

このほかにも、濃霧で海上がまったく見えなかった気象情況や、旗艦「赤城」から二十秒ばかりの短い電信とはいえ無線を発信したこと、敵の真水不足という「ウナ電」に乗せられて、MIの位置をミッドウェーだと気づかれたことなど、いくつかの取り返しのつかないアクシデントや失敗がかさなり、敗戦の原因をつくってしまった。

なによりも、その最大の敗因は、アメリカ側がこの日本海軍の作戦を暗号解読によって、一ヵ月前から知っていたということである。

そのうえ、直接の戦闘作戦であり、いつ敵が現われるかも知れないという危機の中で、それ爆弾、それ魚雷というふうに、陸上、艦隊の攻撃目標の変化のたびに、あたかも訓練のような積み替えを繰り返していたというところに、もっとも大きな失敗があった。

その結果が、喪失した飛行機の約九十パーセントにもあたる、二百八十機もの貴重な宝を、発艦しないままに、空母とともに炎上させてしまうことになる。

このような危急存亡の戦場で、救援部隊も遠く分散していて参戦することができず、主力の空母四隻を失うという最悪の事態をまねいて、惨敗を喫することとなる。

当時、「蒼龍」の応急員であった土屋兵曹の証言によれば、土屋兵曹が「蒼龍」艦橋に上って行った直後のことであったという。

雲の間から急降下してきたアメリカ機が、アッという間もなく、「蒼龍」の飛行甲板に二コの爆弾を命中させた。

そこには、なんと、爆弾を抱えて発艦直前の味方の攻撃機が並んでいたのだからたまったものではない。

落下したこの敵の爆弾で誘発し、何十発もの爆弾を一度にくったとおなじ結果となり、あっという間に炎につつまれてしまった。

そのとき、中甲板以下にいた人たちは、一瞬にして蒸し焼きの状態と化し、壮烈な戦死を遂げる。

そして、「蒼龍」はオスタップに油を入れて火をつけたようになり、黒煙と炎を上げて燃えながら、漂流することになる。

残った将兵たちは、みな海中に投げ出されて泳ぎ出した。

## マリアナ沖海戦

昭和十九年六月十五日、アメリカ第二、第四海兵師団、第二十七歩兵師団を中核とする六万七千名が、サイパン島に上陸を開始した。

これにたいし、わが連合艦隊は「あ号作戦」を発動した。

小沢治三郎中将（海兵第三十七期）指揮する日本海軍初の第一機動艦隊が結成された。

空母九隻（「大鳳」「翔鶴」「瑞鶴」「隼鷹」「飛鷹」「龍鳳」「千代田」「千歳」「瑞鳳」）を中核とした戦艦五隻、重巡十隻、軽巡三隻、駆逐艦二十二隻からなる大機動艦隊で、これを前衛、本隊の二つに分けて出撃した。

これに、給油船五隻をくわえて五十四隻。

さらに、基地航空隊（角田覚治中将）の第一航空艦隊を合わせた一千六百四十四機の飛行機という総力を挙げての出撃で、六月十九日、サイパン島に群がるM・ミッチャー中将指揮の第五十八機動部隊（空母十五、戦艦七、重巡八、軽巡十二、駆逐艦六十五、合計百七隻）に攻撃をかける作戦である。

すでに、前日の十八日三時三十分すぎに、敵の機動部隊を発見、わが全空母に発艦命令が下り、各空母より発進した攻撃機が上空を旋回、勢揃いして、いままさに敵艦隊上空へ向かって進攻しようとしたそのとき、突然、攻撃中止が発令された。

このまま敵艦隊上空に向かえば、攻撃は夕暮れとなる。

そうなれば、目標が見にくくなることと、帰還機の収容が夜間に入るため困難であるという理由である。

こうして、攻撃はひとまず中止し、明十九日に攻撃することになった。

翌十九日七時三十分に攻撃機を発進させ、決戦が開始された。しかし、四次にわたる攻撃機発進も、敵艦隊の上空に待機していた敵戦闘機の迎撃により、ほとんどが撃墜され、かろうじて敵艦隊上空に到来した攻撃機も、敵艦の猛烈なＶＴ信管による対空砲火によって撃墜され、戦果はほとんど挙がらなかった。

## 空母三隻、雷撃に沈む

さらに悪いことはかさなるもので、十九日午前八時すぎ、旗艦「大鳳」が敵潜アルバコアの魚雷一本をうけ、被害は軽微であったものの、その被害箇所からのガソリン洩れによる発生ガスに引火、大爆発を起こし、八時間後に沈没した。

これにつづき、「翔鶴」も十九日午後、敵潜カバラの三本の魚雷をうけて大火災を起こし、まもなく海底に沈んだ。

この二隻の正規空母は、それぞれ特徴を持って建造された日本海軍の虎の子空母であるが、その舵は後部スクリュー後方のキールに直列に、前後二つの舵がついていた。

その構造は、大和型と同型の副舵であった。それは対空戦闘にたいしての回避運動に関して優れていたが、闇夜の刺客である潜水艦による水中からの攻撃にたいしては、副舵の特性も発揮することができなかった。

また、「大鳳」は正規空母翔鶴型を参考にしており、飛行甲板は七十五ミリの鋼鉄甲板で、対空戦闘には強いが、潜水艦の攻撃には意外に弱点があった。

「翔鶴」もまた、日本海軍というより、世界に類をみない建造技術の粋を集めた優秀艦であった。
すなわち、二万九千八百トン、全長二百五十七メートル、飛行甲板の幅は二十九メートルもあり、四つのスクリューを持ち、三十四・二ノットの高速航行が可能で、十六万馬力のエンジンは、連合艦隊の中で最大出力を誇った。
飛行機も常用八十四機、補用十二機を搭載可能で、これもまた日本海軍の空母中最大級であった。
翔鶴型は、日本海軍の積み重ねてきた空母建造のノウハウをすべて注ぎ込んだ理想の空母と言われていたが、水線下の弱点を狙われ、アメリカ潜水艦の魚雷三本が命中、大爆発を起こし、もろくも、艦首から沈んでいったのである。

そこには、空母は高速を必要とするため、戦艦とは違って船体が軽くなっており、防御には弱い点があった。

また、空母には、飛行機燃料のガソリンと爆弾や魚雷がたくさん積み込まれているという、宿命ともいうべき弱点があり、これが攻撃をうけた場合、防御の面での最大の泣きどころである。

その上空母は、飛行甲板が広くて爆撃に狙われやすい。この点、これを補強して七十五ミリの鋼鉄による飛行甲板にしたのが、「大鳳」であった。

さらにもう一隻、空母「飛鷹」もマリアナ沖海戦で撃沈された。

「飛鷹」は、「隼鷹」「龍鳳」とともに第二航空戦隊を編成、あ号作戦には本隊の乙部隊として、戦艦「長門」など多数の重巡、軽巡、駆逐艦に守られて活躍、米軍機の猛攻をなんとかくぐり抜けて、沖縄の中城湾に帰投しようとしていたとき、追撃してきたアメリカ艦載機の爆撃と、敵潜水艦の雷撃をうけて大きく傾き、航行不能に陥った。

このとき、「長門」に曳航命令が出され、必死の曳航作業が行なわれた。

その当時の情況を、戦艦「長門」の七分隊士・機銃指揮官であった奈古屋嘉茂少尉（当時）が語ったところによれば、「長門」の後甲板には、副長を総指揮として、内務長の指揮のもと、応急員の人たちを中心に曳航作業がつづけられ、とくに、戦闘配置の最少限度を残しつつ、曳航準備に全力をあげていた。

　奈古屋少尉も、その作業の指揮をとっていた。

「長門」の後甲板には「モヤイ銃」が用意されて、応急兵の下士官により「飛鷹」に向けて発射される。

「モヤイ銃」の細いロープは、より太いロープにつながれ、その先端に戦艦「長門」最大の太い曳航用ワイヤーロープがつながれる。これが「飛鷹」の前甲板に渡され、船体にがっちりと繋留される。

「長門」は、この太いワイヤーロープを後部四番砲塔の根元に巻き付けて、これで曳航準備は完了する。

　この「長門」と「飛鷹」をつなぐ曳航用の太いワイヤーロープは、海中に深く垂れ下がっているが、しだいにそのたるみがとれて真っ直ぐに張られてくる。

　しかし、大破した「飛鷹」は傾いていて、なかなか動かない。エンジンも舵も故障しており、自走能力はないようである。

　ワイヤーロープは、ピンピンに張られてくる。

　しかし、「飛鷹」は改造空母とはいっても、正規空母に劣らない大型艦である。日本郵船の出雲丸を建造の途中で改造して空母にしたもので、排水量二万四千百四十トン、全長二百十九・三二メートル、全幅二十六・七メートルと、正式空母に引けをとらないほどの大きさである。

エンジンも二基二軸で五万六千二百五十馬力、二十五・五ノット。飛行機は常用五十三機、補用五機を搭載（ちなみに、空母「信濃」も五十三機である）。対空兵器も十二・七センチ連装高角砲六基十二門、二十五ミリ三連装機銃八基二十四梃を搭載する、改造空母とはいえ、攻撃、防御ともに優秀な空母であった。

　この二万四千トンの空母が自力航行困難な状態では、曳航する「長門」はもちろんのこと、ワイヤーロープにかかる負担は非常に大きい。

　すこしでも自力航行が可能であれば、曳航もスムースにいくのであるが、あまりにも負担が大きい。

「前進微速」と「長門」に、前進がかけられる――「長門」と「飛鷹」の乗組員が、それぞれ固唾を飲んで見守るうちに、しだいにワイヤーロープは張られてくる。

こうして、「飛鷹」はこのロープ一本を命綱として、最後の期待をかけるうち、ワイヤーロープは唸りを上げて張られてくる――しかし、八万二千馬力の「長門」の総出力に堪えられるかどうかである。

だが、二万四千トンの空母「飛鷹」が動き出す前に、さしもの太いワイヤーロープも、バリバリと大きな音を立てて切断してしまった。

曳航不可能となった「飛鷹」は、このようにして、サイパン西方の海底へと沈んでゆくことになる。開戦以来、「隼鷹」とともに第二航空戦隊を編成、ソロモン海戦に進出してから幾多の作戦に参加した「飛鷹」も、ついに一生を終えたのである。

## 猛烈なる艦砲射撃

昭和十九年六月十三日、この日、サイパン島の朝は快晴であったが、しだいに千切れ雲が出てきた。

そして、朝早くから、陸上基地や港湾施設、工場、防御陣地などにたいし、艦載機の空爆がはじまった。

しかし、湾内に停泊している小艦艇にたいしては、爆弾の投下はなかった。

〇九五〇（午前九時五十分）、敵の戦艦のマストが、水平線上、遥か向こうから朝日を浴びてわずかに見えだしてきた。

まず二隻——こちらの視界にはっきりと現われ、その後につづいて、さらに数隻が浮かび上がってきた。もっともっと、多いようだ。

早朝からの空爆は、敵艦隊来襲の前ぶれだったのだ。

「すわ！　敵艦隊の来襲！」

距離は約一万五千メートルと目測される。

同時に、

「ピカーッ！」

「ピカーッ！」

と、水平線上に閃光がひらめいた。

息づまるような三十秒あまりの時間——敵弾がどこに落ちてくるかわからないというのが、艦砲射撃の不気味さである。

自分の頭上なのか、一〇一敷設艇が目標になっているのか、それがわからない。その緊張は、なんとも長く感じる。

不気味な沈黙の時間がすぎる。

まず、初弾は、軍艦島とサイパン本島との中間の海上に落下——大きな水柱を吹き上げる。

ついに、恐怖の艦砲射撃が開始されたのである。

アメリカ海軍の最初の狙いは、まず、軍艦島を目標とさだめたらしく、眼をそむけたくなるほどの猛攻撃である。

戦艦一隻の集中的艦砲射撃は、艦載機一千機の空爆に匹敵するといわれる。その砲撃のすごさは、筆舌に尽くし難いほどにすさまじいものである。

タナバク湾岸の水上基地や、第五十五警備隊基地などが、その猛烈なる砲火に見舞われはじめる。

そして、さらに、ここサイパン本島の海岸沿いにも、おびただしい砲弾の雨が落下しだした。

この砲弾の落下地点には、一発ごとに直径十メートルもある大穴が、すり鉢のような形状でぱっくりと口を開けるほどのすさまじい威力である。

また、海上に落下すると、三百メートルにもなる大きな水柱を吹き上げ、軍艦島もしばしその水柱のかげに隠れて見えなくなる。

わが方の守備隊も、敵の上陸にそなえ、海岸線付近に深い壕を構築し、椰子の大木でその上部を頑丈にかさね上げているが、つくったその陣地も、艦砲射撃の前にはひとたまりもない。木っ端微塵に吹き飛んでしまう。

なだらかな山の斜面には、落下した不発弾がごろごろと転がり、それがやたらに眼につく。

その不発弾が、照りつける太陽の光に反射して、ピカッ、ピカッと光る。

この不発弾の多くは、恐らく、海岸付近に落下した三十六センチから四十センチもある一トンクラスの大型砲弾であり、落下した勢いで、大きくバウンドし、なだらかな山の斜面の

中ほどまでせり上がって行ったのであろう。

なんとも物凄い物量というべきで、ケタ違いの威力を感じさせるアメリカ海軍の艦砲射撃である。

さて、ここで、二日前の空襲開始時点に話をもどして、山中兵曹らをふくめたわが方の対空砲火の模様を振り返ってみよう。

空襲は、はじめのうち、軍艦島と第五十五警備隊水上基地、それに、白色に塗装されている一番大きい慶洋丸に集中し、目立つ慶洋丸以外の小艦艇は、あまり問題にしていないようであった。

山中たちの一〇一敷設艇にたいしては、このように、はじめのうちはほとんど、敵機の攻撃はなかった。

しかし、それもしばらくすると、この一〇一敷設艇も目立つ存在になってきたのか、上空を通過しながら、二、三度、パン！

パン！　と銃撃をくわえてくるようになったが、幸い命中弾もすくなく、戦死者や負傷者が出るほどの被害はなかった。

　山中兵曹を中心とした水測兵三名は、艦橋下の弾薬庫の中で、二十五ミリ機銃の弾倉に弾丸を詰め込む作業に夢中になっていたが、敵機の執拗な攻撃に、どうにも我慢ができなくなってきた。

　山中兵曹は、後甲板に設置されている十三ミリ機銃に走った。

　そして、その十三ミリ機銃についていた高橋兵長から、機銃を奪い取るようにして射手につくと、高橋兵長に銃座の三脚を押さえさせた。

　山中は、どうしても自分で機銃が射ちたいという、止むに止まれぬ気持を押さえきれなかったのだ。

　そのときである！

　ちょうど、前方から猛スピードで突っ込んで来て、高度三百メートルの超低空に接近して来たグラマン・ワイルドキャットめがけて、山中兵曹は夢中で連射した。

「ダダダダ！」「ダダダダ！」と。

　弾丸は、小気味よく、快調に発射されたが、さっぱり手応えはない。

　そのグラマンは、ゆうゆうと飛び去り、小さくなって遠ざかっていった。

　この一〇一敷設特務艇の対空兵器といえば、山中兵曹がいまついている後部の十三ミリ機銃のほかに、艦橋上部の露天甲板に設置されている二十五ミリ単装機銃三基と、たった六梃の三八式小銃だけである（あとは、後甲板に積んである爆雷であるが、これはもちろん、対空戦闘には役立たない。むしろ、誘爆の危険が恐い）。

しかし、この三基の艦橋上の二十五ミリ機銃の活躍は、まことにめざましいものがあった。

山中たちが、艦橋の右下から見上げているとき、敵機の前方を吹き抜けてゆく二十五ミリ機銃の曳光弾の赤い糸のような線がよく見える。

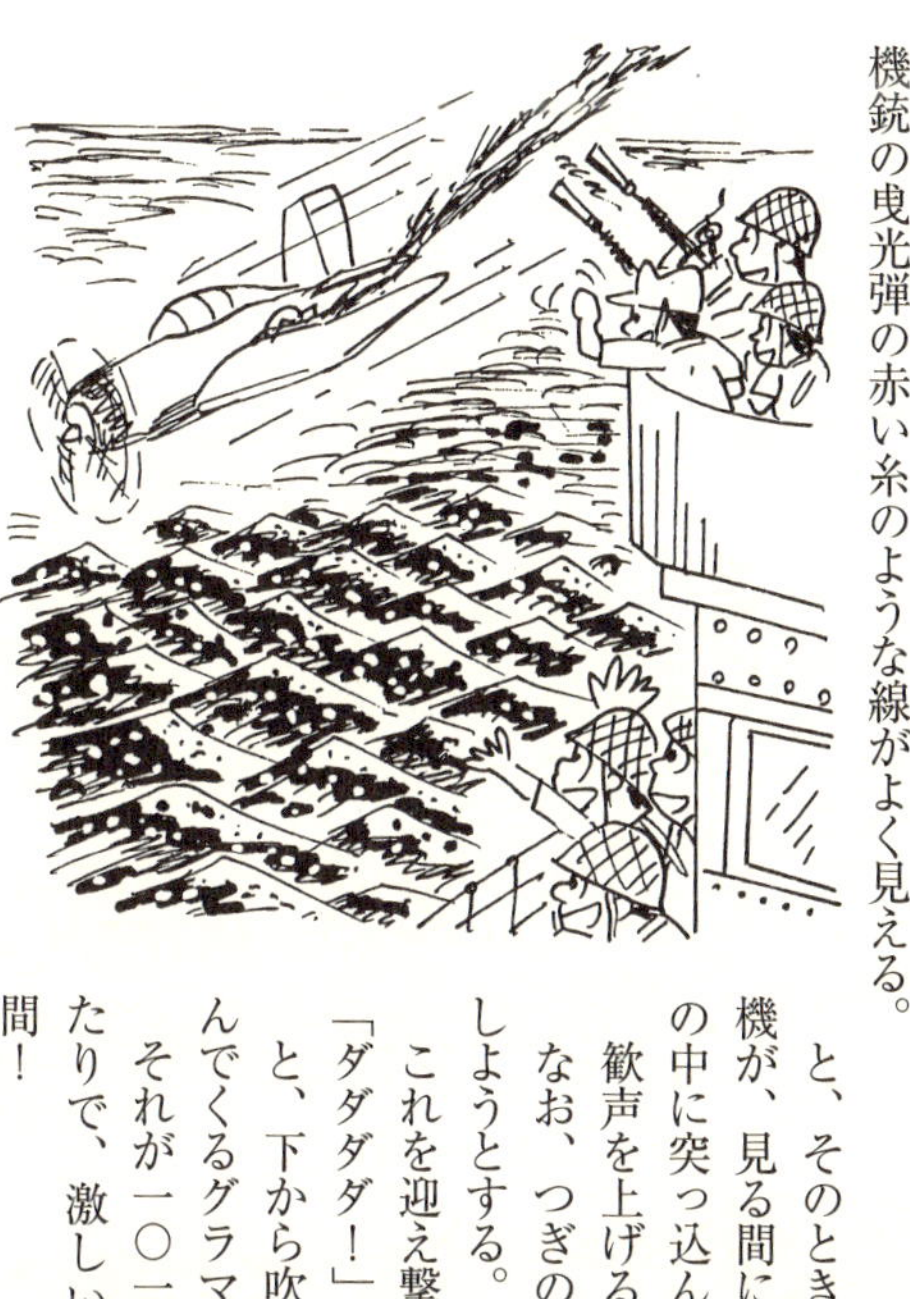

と、そのとき、向かって来たグラマンの一機が、見る間に煙につつまれるとみるや、海の中に突っ込んだ。

歓声を上げる間もない――。

なお、つぎの一機が、超低空で頭上を通過しようとする。

これを迎え撃つ二十五ミリ機銃。

「ダダダダ！」

と、下から吹き上げる曳光弾の中に突っ込んでくるグラマン機。

それが一〇一敷設艇の艇首三百メートルあたりで、激しい機銃弾を避けようとした瞬間！

そのグラマンの翼が、一瞬、グラッ！　と揺れたかに見えた。

と、見る間に、それは左舷の海中に突っ込んで、水煙りを吹き上げる。

「ヤッター！」

「ヤッター！」

「ザマーミロッ！」

敵機にしてみれば、無念の最後……しかし、山中兵曹たちは、飛び上がって絶叫した。

そのほかにも、遠く近く、わが陸上からの対空砲火により、海上に落下する敵機の姿が眼に入る。

それらは、ほとんどがグラマンである。

海に突っ込んだそれらのグラマン機は、墜落の瞬間、どの機からも噴煙が吹き出している。

なかには、操縦士がやられたのであろうか、噴煙を吐かないままに、海中へ真っしぐらに突っ込み、水煙りを上げてゆくものもある。

いかに量を頼みとする敵でも、弾丸の逆スコールのように吹き上げるすさまじい対空砲火の中を超低空で攻撃してくるのであるから、これはもう、よほどのことでなければ墜落機が出るのも当然である。

しかし、翌日、湾内でもっとも大きい慶洋丸は、ついに、転覆沈没という悲惨な運命となったが、それにしても、それまでじつによく戦ったものである。

この日、午後になると、一〇一敷設艇の右二十メートル付近の海上にも、低い水柱が二本

吹き上げる——小口径砲の艦砲射撃の砲弾の炸裂である。

いよいよ、アメリカ艦隊が接近しはじめ、小艦艇群の中では目立って大きく見える一〇一敷設艇にたいして、激しく攻撃を仕掛けてきたのだ。小口径砲による艦砲射撃の一斉攻撃である。

右舷につづいて、反対側の左舷後方にも水柱が立ちはじめる。

そのとき、

「これでは、弾丸が小さすぎて、楽に死ねそうもないワイ」

と、緑川艇長が艦橋の窓から上半身をのり出して、大声で怒鳴りながら笑った。

敵の砲弾の小さいこと、そして、水柱がそう高く吹き上がらないのを、みるからに皮肉ったのである。

山中兵曹はこのとき、じつは、周囲にあ

いつぐ砲弾の落下で、なんとも表現しかねる恐怖感で、身体が金縛りにあったように硬直しかけていたのであるが、この緑川艇長の言葉と笑い声を聞いて、思わずハッ！　とわれに返る思いであった。

豪胆な艇長を、思わず見上げる。

と、そのときだ！

前部兵員室付近に、一発、命中した！

あとでわかったことであるが、このとき命中した弾丸は、黄燐弾であった。

この黄燐弾は、破壊力はさほどではないが、高温を発し、皮膚につくと火傷するのだ。

命中した前部兵員室にいて、そのとき待機していた衛生兵曹の看護長が、よろよろとラッタルを這い上がって、上甲板のほうに出て来た。

そして、右舷甲板を這うようにしてちかづいて来た。

見ると、その顔面の右半分が、黒々と厚ぼったく焼けただれている——しかも、まだ、黄燐がその顔にへばりついて燃えているではないか。

まことに、無惨な形相である。

もちろん、看護長がいつもかけている黒縁の眼鏡は、吹き飛ばされたのであろう、なくなっている。

「助けてくれ！」

「助けてくれーッ！」

二度さけんだようであるが、かすれた声で、よく聞きとれない。

若い水兵が一人、すぐに駆け出して、右舷中部の看護室へ救急品を取りに行った。

しかし、敵の攻撃はつづいている。

艦橋上部の機銃甲板から、射手の下士官が一人、よろよろと降りて来た。

見ると、右手の付け根から噴き出してくる血を、気丈にも左手で押さえながら、苦痛で顔をゆがめている。

まことに、見るに忍びない。

このように、そのときの一発の砲弾の命中によって、戦死者一名、負傷者七名の被害をうけた。

この負傷者の中には、山中兵曹と同年兵で通信員長の福地二曹も顔面に火傷を負い、手当てのあと、顔一面を包帯でぐるぐる巻きにされて、眼と口だけが見えるという、さながら、映画の白頭巾のような状態になっている。

山中自身は、このとき、艦橋脇の右舷にいたので、ぶじであった。

――この負傷した福地兵曹は、東京の下町育ちで、幼いころ、歌舞伎役者の卵として育てたいから……と、座頭クラスの人から引き抜き（スカウト）の話があったほどの容姿秀麗な美男子であった。

そのときは、両親がようやく断わったということである。

あたらそれほどの美男子も、この顔面火傷で包帯グルグル巻きという状態では、もう台無しになるのでは……と心配したが、手当てが早かったのが幸いして、やがて、わずかに顔面に染みが残るていどに完治することになる。

さて、この一発の命中弾は、さすがに、艇内に動揺をあたえた。

しかも、さらにつぎつぎと周囲に砲弾が落下する、という緊迫した状況がつづく。

この状態を見て、緑川艇長は迷うことなく決断した。

「軍艦旗、降ろせ！」

「総員退去！」

「錨鎖切れ！」

矢継(やつぎ)ぎばやに、下令する。

艇長の作戦は、命中弾を回避しながら、艇を海岸近くまで持って行き、そこの浅瀬にのし上げようというのである。

こうすることによって、乗組員の上陸を容易にする——兵員を救う道は、これしかないという判断である。

錨鎖は、節目（錨鎖は、二十五メートルごとに一節となっていて、ピンを抜けば切れる）のピンが抜かれ、切って落とされる。

カッターと内火艇が用意される。

暗号員長は、かねてから準備していたワイヤーで締めくくった赤本（暗号書など）に重しをつけて、そのまま、海中に投棄する。

マストから降ろした軍艦旗は、信号員長が持参することになる。

山中兵曹は、これまた、かねてから分隊士に依託されていた下士官と兵の考課表を一束にまとめて、大きな風呂敷につつみ、しっかりと腰に巻き付ける。

このとき、川添一曹が、三種軍装に着替えて、弾薬盒にゴボー剣、それに三八式歩兵銃を片手にひっ下げ、後部兵員室からゆうゆうと出て来た。

ふだんは、あまり付き合いのうまいほうではない無口の男……と、そんなふうに思っていた川添兵曹ではあるが、こんなときは、さすがに手まわしがよい。

人間、最後の土壇場にならないとわからないものだ。

暑苦しいのに、三種軍装など不要だと思っていたが、こういうときには、役に立つ——といっても、もともと、山中兵曹自身は持っていないのであるから、これはどうしようもない。

このあたり、水深が意外に浅いので、艇は思ったよりも手前で、船底が岩礁に引っかかってしまい、艇首を突っ込むようにして停止してしまった。

すかさず、艇長は、

「キングストン弁開け！」

と、大声で下令した。

一〇一敷設特務艇は、浸入してくる海水によって、前部からみるまに沈み、中央部から後甲板にかけてを海面に突き出すという形になる。

見ると、中部、烹炊所の付近から、白い煙が噴き出している。

すわ！　と、緊張が走る。

この火が、突き出している後甲板にある爆雷に引火したら、大変なことになる――船体もろとも、木っ端微塵に吹き飛んでしまうぞ！　……と。

一瞬、不安が山中の脳裏をよぎる。

しかし、運よく、これは浸水とともに消えてくれた。

また、幸いにも、軍艦旗を降ろしたあと、敵の攻撃は不思議にも、ピタリと止んだ。

――これは、こちらが戦闘を停止したというふうに、敵側ではうけとめたからのようである。

艇長の判断が、機を見るに敏、迷わず、まさに適切であったのだ。

もし、これがいつまでも軍艦旗を掲げたままでいたとしたら、あのときのまま、猛烈な砲撃が続行されて、全員、戦死していたであろう。

後甲板の爆雷も被弾して、これが一度に誘爆を起こし、全員、艇もろともに吹き飛んでいたに違いない。

このようにして、艇長の適切な判断と処置によって、一名の戦死者をのぞき、五十六名全

員が上陸できたうえに、そのあと、陸上戦闘員として戦うことができるようになったのである。

ただちに、全員で協力して、三八式小銃六梃、それに弾薬少量を内火艇とカッターに積み込む。

食糧も、缶詰などを中心に集め、飲料水は水筒十五個に詰め、さらに、酒もちゃっかりと、何本か積み込んだ。

呑ん兵衛の応召兵が多いだけあって、さすがに、酒だけは死んでも忘れないようだ。

こんな戦いの真っ最中——生死の瀬戸際にあるというのに、酒だけは忘れないというのも、ある意味では、気持の余裕と見てもよいのかも知れない。それとも、もうやけっぱちなのか？

あとはまた、夜になってから取りに来るということにして、ひとまず上陸した。

しかし、その後、敵アメリカ軍の上陸が、予想外に早く、ふたたび取りにもどることは不可能になってしまった。

このようにして、全員、海軍部隊の集結地であるガラパン東方の洞窟で、待機することになる。

この洞窟生活では、飲料水にもっとも苦労させられた。

片道五キロもあるドンニーの湧き水まで、水筒のたばを下士官と兵五、六名が肩にかけ、夜陰に乗じて、敵の眼を逃れながら、毎夜、運びつづけたのである。

## 窮鳥懐に入れば……

七月四日の昼下がり、山中二曹は、サイパン島マタンシャ海岸の岩場につづく狭い丘の傾斜面で、陸海軍、入り雑ってたむろする一群の中で気抜けしたようになり、ぼんやりと座り込んでいた。

ここまで同行してきた、かつての一〇一敷設特務艇の機関科数人の兵たちは、ここから上の木立に囲まれている小舎の中に残っていた。

このときだ！

敵のロケット弾攻撃が、またはじまった。

それは、木立の上のほうから、しだいにこちらに近づいてきた。

この傾斜面には、おおよそ三十名あまりの兵たちがいて、それぞれが、三〜四名ずつに分かれ、あちこちに腰を下ろしたり、寝そべったりしていた。

その砂地のような禿山に、炸裂弾がいよいよあいついで落下しだした。

みな、弾き飛ぶようにして立ち上がり、四方に散った。

このとき、みんなとおなじように、どこからか跳び出してきて跳ねまわっている三、四羽の白いニワトリが眼に入ってきた。

それは、すこし上の木立の中にでも潜んでいたのであろうか、激しい炸裂弾に追われて、なかば野性化していたニワトリは、あわてふためいて、けたたましく鳴きながら羽搏き、駆けまわっている。

山中兵曹もとっさのことで、身を隠すところも、余裕もなく、その場にそのまま頭をかかえて、地面に身を伏せる。

どうすることもできない——しばらく、じーっとしていると、右の脇腹がむずむずするので、なにかな？　と思ってのぞいてみると、なんと、驚いたことに、かのニワトリの中の一羽が、小さな頭を押しつけて必死になって砂を蹴っている。

そして、山中兵曹の身体の下へ、なんとかしてもぐり込もうとしているのだ。

〝俺を何だと思っていやがるんだ、こいつは……〟

そう思ってはみたものの、この非常の瞬間である——同志的な好意を感じて、山中は両膝を曲げて自分の腹をすこし浮かすようにし、そのニワトリを入れてやった。

するると、もう一度驚いたことに、このニワトリのやつ、山中が空けてやった腹の下にちゃっかりと潜り込むと、今度は、よほど疲れていたのであろうか、なんと、すぐマブタを閉じるとみるや、人間さまをなんと思っているのか、その人間さまとおなじように、コックリ、コックリと、首を落としながら居眠りをはじめ出したではないか。

もう、これには本当に驚いた。

思わず、

「こいつ、いい気なもんだ！」

と、苦笑まじりに、つい、口に出てしまう。

〝兵曹ドノをこいつ、弾丸（たま）避けがわりにしくさって……〟

とも思ってくると、笑いが思わずこみ上げてくる。

〝まあいいか、なんとも哀れな、といっても滑稽きわまるヤツだなあ――同病相憐れむだ……〟

と、そのまま、腰をすこし浮かした苦しい姿勢でいてやる。

――鳥は、爆発音や炸裂音を、本能的に恐れるのだ。

まして、昼夜の別なく、連日、飢えた兵隊たちに追いまわされるは、炸裂音には驚かされるはで、こいつらも身の置きどころもなく逃げまわっているのである。

〝そうそう、こんな諺もあったなあ……〟

〝窮鳥懐に入れば、猟師もこれを殺さず……か〟

〝まあ、しょうがないか……〟

これではまるで、この諺とそっくりではないか。

この偶然な照合に、むしろ、山中兵曹は奇妙な感動さえ湧いてくる思いである。

砲弾が飛び交い、それもすぐ近くで炸裂するというときに、そんな呑気なことを……と思われるかも知れないが、実際に、何回となく戦場を踏み、何度も何度も死に損(そこ)なってくると、このように案外、弱い人間でも開きなおって、普通の常識では考えられないような、無神経とも言えるほどのふてぶてしさが出てくるものなのだ。

無惨きわまる、眼をそむけたくなるような死体の情景などに接しても、つい、習慣性の無神経な自分に、自分でもゾッとする場合さえあるのだ。

さて、砲弾の炸裂もようやく止み、なんとかぶじに助かったこの兵曹とニワトリであった――めでたし、めでたし。

山中兵曹は、そのニワトリをそっと起こしてやり、やさしく手で押してやると、ヤッコさん、あわてて近くの木立の中へと走り込んで行った。

ほっとする間もなく、立ち上がって、自分も木立の中の小舎に駆けつける。

小舎の中にいた士官も兵たちも、みなぶじであったが、足を負傷していて動けない慶洋丸の分隊士を、安全なところへ連れて行こうとすると、

「俺にかまわず行け！」

大きな声で言う。

しかし、ここに一人で置いて行けば、かならずやられてしまう。

なお、近づこうとすると、彼は軍刀に手をかけて近よらせない。

足手まといになると思っての心使いであろう。そのままにしてはおけない。

しかし、

「お前たち、早く逃げろ！」

「まごまごしていると、ブッタ斬るぞ！」

大声で怒鳴り出す。

やむをえず、〝それでは〟と、その分隊士に目線で〝サヨナラ〟の合図を送りながら、心をひかれつつも別れる。

山中は、いったんは走り出したが、ふたたび引き返し、その付近一帯に眼を向けてみる。

知っている人間が、まだ残っていないかという気持である。

――負傷者はすこしはいるようであるが、戦死者は見あたらない。ほっとする。

いつものことであるが、敵のロケット砲撃は、反復攻撃をやらないので助かる。

　ここで、ふと見ると、今朝から親しくなっていた陸軍の班長（伍長）さんが、向こうの岩陰にしゃがみ込んで、なにかやっているのが見える。

　よく見ると、なんと、ニワトリをつかまえていて、その羽根をしきりにむしっているのだ。

　思わず、

「オーッ！」

と、首が伸び、声が出てしまう。

　つい先ほど、敵のロケット弾攻撃の中で、自分の腹の下に潜り込んで居眠りしてしまった、あの呑気な白いニワトリではないか——いや、そうに違いない……。

　そう思い込んでしまうと、

〝なんと無惨なことを！〟

という気持が胸を圧迫して苦しくなる。

〝やっと助かったというのに……〟

といっても、もう殺されてしまい、羽をむしられているのであるから、これはもう、どう言いようもない。

いまさら抗議や非難をしてもはじまらないが、なにかひと言だけでも聞かせてやりたい——と思って近づいて行った。

すると、この伍長さん——山中を見上げながら、毛をむしる手を休めないで、

「ヨウ、海軍さん。あとで、あんたにも食っ

てもらうからな」

と、こうきたものである。

まったく、もう開いた口がふさがらないとは、こういうことであろう。

山中は無言のまま、顔を思い切りしかめるばかりであった。

やがて、アルコールの小さな缶の火で料理（焼く）されてしまった、あの哀れなニワトリの生焼けの片肢を、伍長さん、言葉どおりに持って来た。

「いらない」

思わず、顔をしかめて首を振った。

見るのもかわいそうで、突っぱねるように言うと、

「エッ、美味（うま）いのになあー」

　不思議そうに呟いている。

　このときの山中の気持など、とてもこの伍長さんにはわかるはずもない。

　そのときは、ほかにもニワトリは何羽もいたのであるから、もしかすると別のニワトリであったかも知れない。

　そうあってほしい……と、山中は心の中で思ったものである。

　なお、この陸軍の伍長さん――その翌日の午後、気の毒にも（あるいは、気のせいで、ニワトリの因縁か……）重傷を負い、その苦しさに堪えかね、防空壕の中で自殺してしまうことになる。

## 恐怖の防空壕

　昭和十九年七月五日。

　この日、山中はすこし先の海岸につくられている蛸壺（たこつぼ）を大きくしたような壕の中に、何人かの兵とともに身を潜めていた。

　その中の広さは、三坪ほどもあろうか――そのていどのもので、深さは四尺（一メートル二十センチ）ぐらいである。

　壕の一番上の周囲は、土が崩れ落ちないように太い生木（なまき）の丸太で囲んで、即席につくられている。

その周辺には、蛸の木のかなり大きな樹が何本か生え茂っていて、幅広くて長い葉が午後の強い日差しを柔らげて、壕の中をだいぶしのぎやすくしてくれている。

壕の中の顔ぶれは、昨日、あのニワトリを殺して食った伍長さん（彼は、食べたあと、敵の黄燐弾攻撃で負傷している）と山中二曹の二人に、応召兵らしい水兵一名、ほかに、陸軍だか海軍だかわからない、それとも民間人かも知れないといった四人のグループ、それに若い三種軍装の上等水兵の八名である。

みなは、居眠りをしたり、小さい声で雑談したりしているが、彼らとは別に、山中二曹はひとり、ジーッと深い物思いにふけっていた。

最初の洞窟を出てからあとの毎日のことが、つぎつぎと疲れた脳裏に浮かんでは消え、走馬灯のようにぼんやりとめぐる。

思いめぐらせば、それは撤退につぐ撤退などというと体裁はいいが、実際は、まったくしだいに追い詰められて、敵に思うようにされているという惨めな戦況である。

ジリジリと押し迫ってくるアメリカの上陸軍に圧倒されつづけ、武器らしいものをほとんど持っていない日本軍は、それを防ぐ何らの方法も持たぬという、なんとも情けない実情なのだ。

いつぞやの唐島部隊（かつて、パレンバンで勇名を馳せた降下部隊である）も、このサイパン島守備の兵力として、その一部がくわわっていると聞いているが、なんといっても、優勢な敵軍に対応しうる兵器その他の装備を持たずに、ただの無手勝流でやろうというのでは、まったくしようがない。

そのわずかな兵器さえ、ここへ来てほとんど消耗しつくしており、ゴボウ剣一本とか、自殺用に残さねばならない手榴弾一コという状況では、もはや後退一方、全滅を待つばかりといってもよかろう。

かつての一〇一敷設特務艇乗組員たちもばらばらだ。艇長の緑川大尉は最初の洞窟のなかで解散宣言したまま、その消息は不明である。

甲板士官（応召の特務少尉で、温厚篤実な人柄であった）は、山中たちといっしょに行動していたのであるが、数日前、林の中で敵機グラマンの機銃掃射を浴びたあと、急に気でも狂ったかのように、

「山中兵曹！　俺はこれから一人で山に入る。お前たちは、ついてくるな！」

きびしい言葉を残したまま、一人で立ち去って行った。

あのときの甲板士官の苦しい心の中は察するにあまりあるが、しかし、いままで命令する立場にあり、山中たちはその指揮のもとに行動していた上官に去られた部下は、それならどうしたらよいのだ。

武器は皆無に等しい状態で、山中らは万策つきたと言っていい。その後はただ逃げまわるだけになってしまった。

――武器といえば、山中は撤退の途中で拾った鞘のないむき出しの短いゴボウ剣一本を腰

のベルトに差し、分配された手榴弾一コを大事に持っていた。

食糧はおろか、水すら飲めない状況がつづいた。

夜間になって、海岸の波打ち際まで隠れて行き、その近くの砂地を手で掘って、すこしでも塩分が薄くなった海水のようなものを飲むことが精一杯である。

また、食糧は、砂糖キビ畑にもぐり込んで、その生の砂糖キビをガリガリと噛み砕いて食うこともあったが、それも敵の焼夷弾で焼き払われておしまいだ。

緑川大尉と甲板士官のほかでは、分隊士のことも思い浮かぶ。

これはあとで通信科の同年兵福地二曹から聞いた話であるが、この一〇一敷設艇当時の分隊士は、戦車を先頭にして押し寄せて来るアメリカ海兵隊の一群にたいし、わずかばかりの火力で応戦する味方の戦闘の指揮をとり、みごとな戦死を遂げたという。緑川艇長も、そして、あの甲板士官も、おそらく、もはやこの世には生きているとは思えない……。

こんな回想にふけっていたとき、山中二曹は、壕の外に異様な感じを敏感にうけた。動物的な勘というか、ここ何日もの危機の連続で、本能が鋭く研ぎすまされているのであろうか。

山中は壕の上部の丸太の上に、ひょいと首を出してあたりを見まわした。ほんの二、三秒であるが、敵影らしいものも見あたらず、すこし拍子抜けして頭をひっこめたその瞬間、

「パン、パン！」

「ヒューッ、プスッ！」

二発の発射音。

そっと見上げると、壕のすぐ傍に立っているひと抱えほどもある蛸の木の根元すれすれの箇所に、小さな孔が横に二つ、十センチ間隔で並んで開いている。

もちろん、敵の銃弾がそこに食い込んでいるのだ。

それは、山中がほんのすこし前、頭を出していたちょうどその位置である。山中の頭を狙い射ちしたのだ。

間一髪——頭を打ち抜かれるところだったのである。

〝クワバラ、クワバラ〟

肝を冷やした山中だ。カービン銃の狙い撃ち――それも近いところからだと思う。それにしても、なんという正確さ。本当にいい腕をしていやがる――山中は、思わず感心する（いや、寒心かも知れない）。

しかし、肝を冷やしはしても、恐怖心はほとんど沸いてこなかった。不思議と言うしかない。

このころ、追い詰められたサイパン島守備の日本兵がもっとも恐れていたのは、至近距離の戦車から発射される榴弾の砲撃であった。

この榴弾は、命中時点で激しく炸裂し、被害を広範囲に大きくするからである。

山中がそのとき心配したのは、自分の頭を狙い射ちにしたアメリカ兵が、目標をここと知らせて、いつ榴弾が射ち込まれるか知らないということであった。

このあと、しばらくしてから、山中は意を決して一人で作業をはじめた。

壕の後部の横に渡した太い丸太の下部の土を、両手を使って掘りはじめた。身体をねじっての窮屈きわまる姿勢で、なんとか穴を一つ開けたいためだ。

さきほどの狙い射ちを考えると、ここが攻撃されることを予想しなければならない。といって、うかつには飛び出せない。

そこで、山中は自分の身体に着けている大事な物を、その穴の中に埋めて、後顧の憂いなきようにしておこうと思ったのだ。

頭部に負った傷口を巻いた包帯が、無帽のために白く目立つので、その上を黄土色の布で締めているのだが、その布の中に、横須賀を出港する直前に妹が手渡してくれたお守りを入れてある。

着ている防暑服のポケットには、戦死した戦友の遺品が二点。

さらに、香港で買った皮のサイフ——そのほかに、そのサイフの中に入れてある山中の全財産といえる十円札七、八枚。

これらを、その穴の中に埋めてしまいたいと思ったのである。

自分が戦死し、その死体となった身体を敵兵が探って、いろいろな物を引っ張り出されるのが嫌であり、恥にもなる……と考えたからでもある。

心の奥では、自分の小さな墓標とも思っていた。

穴がかなり深くなり、山中は窮屈な姿勢で汗びっしょりになっていた。

ただでさえ暑くてたまらぬ壕の中であり、しかも、素手の両手での穴掘りであるから、たまったものではない。

――ほかの者は、無関心ともいえる表情で黙(だま)り込んでいた。

ようやく、思っていたほどの穴を掘り終えて、さあ、これから品物を取り揃えて入れようと、身体を元にもどして腰を起こそうとしたその瞬間、

「グワーン!」

強烈な衝撃が生じ、熱気と砂埃(ほこ)りがあたり一面に充満して、なにも見えなくなった。

そのあとにつづく斉射はなかったので、しばらくすると壕内は静まってきた。

山中は、穴を掘るため、胸のポケットから取り出して壕の土の上に転がしておいた手榴弾を、急いで眼で探し、それを右手につかみ上げた。

そのときである!

それをだれかにむしり取られてしまった。

驚いてだれかと見ると、右側一人おいて腰をおろしていたはずの、あのニワトリを食った陸軍の伍長さんであった。

その手榴弾は、山中にとってたった一つの武器――攻撃武器であるとともに、最後の自決用として大切に持っていたものである。

それをこの伍長殿は、だいぶ前から眼をつけていたらしい。

昨日、黄燐弾で大火傷を負い、苦しさに堪えかねて、ときどき、

「殺してくれ!」「楽にしてくれ!」

そのような喚き声を上げていたのであるが、山中やほかの者は、どうしようもなく聞き流していたのだ。

とても立ち上がれる身体ではなかったのだが……それが、山中のすぐ横に来て、いま危険な手榴弾を握っている。

と見るまに、この伍長殿は手榴弾の安全栓を引き抜いた。すぐに発火して、

「シューシューシュー」

点火音を立てだした。

なんということだ！　こんな狭い壕の中で、気でも狂ってしまったのか。

伍長殿は自決するつもりだ！

それでも、ほかの者に迷惑をかけまいとする意志であろう、発火させた手榴弾を自分の腹（ミゾオチの部分）に抱え込んで、うつ伏せになった。

手を突っ込み、取り返して壕の外に投げ

出すことは、もはやできない。

とっさの判断で、山中は、

「アブナイ！」

大声を上げて叫ぶとともに、壕の土底にピタッと身を伏せ、同時に、自分で掘った横穴に頭部をかばって突っ込むようにした。

「ドスーン！」

すぐ、こもるような爆発音！

山中の身体も激しい衝撃をうけ、左足に痛みが走る。

顔を上げて見ると、伍長さんの腹から胸は、熟(う)れた柘榴(ざくろ)の実のように張り裂けて、ぱっくりと開いていて、仰向きに引っくり返ったその心臓のあたりから、まだ鼓動をつづけているかのように、鮮血がドクドクと噴き出している。

壮絶などというものではない——無惨きわまる最後であった。

〝早まったことをしてくれた！〟

山中の全身に、戦慄が冷たい針のように貫く。

——黄燐弾で負傷し、半身焼け爛(ただ)れる重傷となり、その苦痛に呻吟していたが、先ほどの敵の攻撃で、〝もうこれまで……〟と決断したのであろうが、これはあまりにも残酷な死に方であった。

急いで壕内を見まわす。

ほとんどの人たちが倒れている。

かの砲撃と、さらに、手榴弾炸裂との二重の災厄によるものなのか。

山中のすぐかたわらに、三種軍装を着ていた上水が死んでいる。

それは、そのまま居眠りでもしているような静かな様子であり、壕の立ち上がりを背にして、座り込んだまま動かない。

両眼は閉じ、顔面は異様に黒ずんでいる。

よく見ると、なんと、頭部の左半分がポッカリと穴が開(あ)いて、頭蓋骨の半分が空洞になっている。

ただ、血はほとんど見られない。

眼を剝(む)いて見ていたが、山中の両股の上がすこし重いのにふと気がつく——何かが乗っているようだ。

見下ろすと、白っぽいなにか筋だらけの固形物だ。ぐにゃっとしている。

〝脳だ！　脳みそだ！〟

気づくのと立ち上がって壕の底に払い落とすのと、まったく同時であったといっていい。

やはり、気味が悪かった。

〝アア、そうか。これがあの上水の空(から)っぽの頭蓋骨から飛び出して来たのか！〟

思わず、深い溜め息をつく。

あわてて、ほかの兵たちは……と見ると、山中の右側にいる応召兵以外は、壕内の右や左に倒れ伏して息絶えている。

みな、即死の状態であった。

見ると、応召兵も右胸から左脇腹まで、手榴弾の破片が食い込んでいて、相当の重傷である。

敵の砲弾一発に追い打ちをかけるような伍長さんの自爆で、壕中の八名はほとんど全滅状態である。

奇跡的に助かったのは、山中二曹ただ一人であった。

その山中とて無傷ですんだわけではなく、左足ふくらはぎに弾片がいくつも食い込んでいるようだ。

山中は、もう壕内にいたたまれず、重傷の応召兵をうながして、壕から這い上がった。応召兵の右腕を肩にかけ、腰をささえながら壕から出た。

出る前に、自決した伍長さんの死体の前方に、彼が生前、戦死した小隊長から譲り受けたのだと言っていた軍刀が転がっているのが眼に入った。

使えるかと思ってよく見たが、刀身が半分ほど鞘走って、鍔元から三十センチほどの所から飴のようにひん曲がっている。

砲弾炸裂の際の熱と圧力とによるものであろう——とても使い物になりそうもない。伍長さんの胸の上にそっと置いてやった。

壕の外にようやく出て、あたりにいると思われる友軍をもとめて、おぼつかない足どりで

後方に歩きはじめた。

　しかし、この付近には、山中たち二人以外に動いている人の気配はない。

　おなじような壕が、この付近に二、三ヵ所ほどあったはずだが、あたりは気味悪いほど静まり返っている。

　先の砲弾のような狙い撃ちで、皆殺しにされたのであろう。赤児の腕をひねるようなもので、手も足も出ない――相手のなすままとは、こういうことを言うのであろう。

　応召兵を助けながら、壕を出てから百メートルと進まないうちに、とうとう、応召兵の足が動かなくなった。

　急にその身体がずっしりと重くなり、覗いてみると、もう息をしていないのだ。

　山中兵曹は、右肩の手をそっとはずしてやり、近くのすこし低くなっている窪地に、そっと静かに寝かせる。

脈をみてやっても、まったく動いていない。絶命したのだ。

ついいましがたまで、話しかけると苦しそうではあったが、

「うーん」「うん、うん」

など、短い返事をしていたのに、はかないものである。

……名前も聞いていなかった。

伍長さんたち何人かの即死、そして、残ったたった一人の死——これから何人の死に出会い、どれほどの野辺送りをみなければならないのか。

この縁うすき戦死者に合掌したあと、山中は意志のない夢遊病者のように、フラフラーッと立ち上がる。

とたんに、頭の傷がズキーンと痛み出してきた。足のふくらはぎの傷も、ズキズキと痛み、それらが山中の生にたいする欲望を蘇らせた。

〝俺は、なんとしてでも生き抜くぞ。死んでいった彼らのためにも、そのわずかな縁をせめて俺一人でも生きて、この世に残してやりたい。いや、残してやらなければ、死んでも死にきれない……〟

山中は、あまりにも悲惨な日本兵の死に様に、いまこのとき、腹の底から人間としての怒りが沸き立つ思いであった。

フラフラと歩く一人ぼっちの山中二曹を、西日が熱く照らしつづけている。

## 南雲忠一中将の最後

小沢機動艦隊は、あ号作戦の失敗で空母三隻を失い、搭載機の九十パーセントの四百四十機をも喪失した。角田覚治中将の第一航空艦隊をふくめると、じつに一千五百機にのぼる飛行機を、このサイパン作戦で日本海軍は失う羽目になる。

残された道はただ一つのみ——巨大戦艦「大和」「武蔵」をふくむ水上艦隊による突入作戦で、夕闇迫るころから針路を九十度として突進を開始した。

しかし、この突入作戦も、連合艦隊司令長官より中止命令が出され、水上艦隊は反転して、ここにあ号作戦は完全に中止されたのである。

こうして、サイパン島を救う道は完全に断たれ、全島の守備隊や残留していた島民たちは見捨てられることになった。

それとも知らず、サイパン島の人々は、連合艦隊の救援を信じて待ちわびていた。

……明日はかならず助けに来てくれる、そういう熱い思いとともに、

「連合艦隊が見えるぞー」

という悲痛な叫び声のうちに、サイパン島には最後の時が迫っていた。

七月七日、本来であれば七夕祭りの夜になるはずであった。

しかし、アメリカ上陸軍の攻撃は熾烈さをいや増し、戦いは苛烈、残酷のきわみに達していた。

当時、サイパン島には、斎藤義次陸軍中将指揮の第四十三師団を基幹とする陸軍部隊二万五千六百四十九人、陸戦隊など海軍部隊が六千百六十人、そのほかに、島民をふくめて一般市民約二万五千人が残されており、そのすべてが戦禍に巻き込まれていた。

毎日のように耳をつんざく銃声、砲声に混って、

「連合艦隊が来るぞおー」

という叫び声が聞こえていたが、その叫び声もしだいに小さくなっていき、やがて、銃声にかき消されていく。

もしや……と心のどこかに期待し、毎朝、見わたす島のまわりには、アメリカ艦隊の姿しかなく、日本サイパン軍の組織的抵抗は、完全に終わりを告げようとしている。

最高司令官・南雲忠一海軍中将以下、残存の兵力と、残った一部島民たちは、追いつめられて北部山稜の洞窟に身を潜めるだけの状況に陥った。

最後の突撃が決意された。

南雲中将は、洞窟司令部の中で、訓示を読み上げる。

「いま、米鬼に一撃をくわえ、太平洋の防波堤として、サイパンに骨を埋めんとす――つづ

け！」

この訓示と同時に、二人一組の下士官と兵が、その長官訓示の伝達のため、幾組も一斉に走り出した。

そのとき、生き残って突撃できる将兵たちは、洞窟から離れた海岸に集結していた。

南雲中将の訓示を聞いた者は、司令部要員とそこに避難してきた少数の住民たちだけであった。

さきほど走り出した下士官、兵二人一組の伝令たちは、幾組にもわかれ、長官訓示をできるだけ早く伝えようと、海岸に集結している将兵たちに向かってひたむきに走った。

そのあと、訓示を読み終わった南雲長官は、洞窟の外に出た。

二ヵ月にもなろうとする戦いに疲れた足を踏みしめて空を仰ぐ——サイパン島の夜空は美しい。星々が綺麗に輝いている。

吹き上げてくる潮風は、兵学校以来、三十九年あまり嗅（か）ぎつづけた強い潮（しお）の匂いである。

島の周囲には、点々として散在するアメリカ艦隊の影が映り、暗い夜の海上から、ときどき、上空に向かってサーチライトを放射するのは、すべて敵艦隊である。

ついに、最後まで待ちわびていたわが連合艦隊の姿はなかった。

南雲中将は、しばし島の周囲の海上を眺めて、洞窟にもどった。

その洞窟の中では、司令部要員がつぎつぎと自決していた——あたり一帯に、鮮血が飛び散っている。

南雲中将は、洞窟の中央に座った。

その脳裏に、自分の一生が走馬灯のように駆けぬけていったことであろう……それは、ハワイ奇襲の大戦果であったか、ミッドウェーの大敗北であったか、はたまた、青春時代の思い出であったか、知るよしもない。

中将は、引き抜いた拳銃をゆっくりと自分のこめかみに当てた。

「ズドーン」

鈍い銃声が、洞窟内に響いた。

山中二曹が温か味を感じた優しい眼をした南雲中将は、山口多聞少将らミッドウェーからサイパン玉砕の将兵たちのあとを追うかのように、ゆっくりと横に倒れた——残された褒章(ほうしょう)は、海軍大将の称号であった。

そのとき、洞窟の外では、まだ、わが連合艦隊の救援を待つ声が聞こえてくる。

「明日はかならず連合艦隊が来てくれるぞー」と。

## サイパン島、捕虜の運命

昭和十九年七月十日の夜明け前――サイパン島の日本軍は、いよいよ最後の危機に直面していた。

弾薬、食糧、水までもなくなった将兵たちは、サイパン島突端のマッピー岬近くまで、アメリカ上陸軍に追いつめられていた。

その数、三百名あまりの中に、一〇一敷設特務艇の乗組員であった山中二曹と稲坂兵長もふくまれていた。

その陸海軍混合の三百名あまりの集団は、薄暗い海岸を岬の先端の方に向かって移動をはじめた。

武器は、稲坂兵長が手榴弾一コ、山中二曹は途中で拾った九九式小銃のゴボウ剣一本を鞘なしのまま腰のベルトに差しているだけという有様である。

周囲の兵たちの集団を見ても、銃を携行している者は、ほんの数えるほどしかいない。それも、持っているのはおもに陸軍の兵隊たちであった。

五百メートルほど先に接近しているアメリカ上陸軍も、まだ夜明け前なので一発の銃弾も射ってこないし、大攻撃を仕掛けてくる気配もない。

やがて、夜が明けはじめ、朝が訪れ、太陽が東の海上からのぼる気配を見せだすと、司令部からの伝令と称する三種軍装の下士官と兵二人が、一組となって走って来た。

陸海軍の兵たちの集団の間を急ぎ足で、すり抜けるように走りながら、小声で伝達している。

「司令長官からの発令である」

「自決を禁ずる」

「最後の一兵になるまでサイパンを死守せよ」

彼らは海軍の服装であるから、中部太平洋方面艦隊司令長官・南雲忠一中将の命令であることは間違いない。

この命令を伝達されても、指揮官の一人もいない集団であるから、各自行動をともにしてきた兵たち同士が、額を集めて善後策を練るしか方法はない。

このとき、命令を発令した南雲長官は、司令部洞窟の中で司令部首脳とともに、すでに自決して果てていたのであるから、集団突入など不可能な状態である。

それに、突入するにしても兵器を持たない集団であれば、もう肉弾突入しかない。これでは犬死そのものである。

山中英治二曹は、稲坂兵長と話し合い、このままでは、やがて敵軍に攻撃されて全滅するか、うまく逃れたとしても、餓死するしかない——腹が減っては、戦さもできない、と判断し、最後の作戦計画を立てた。

そして、近くにいる陸海軍混合の十五、六名の兵たちに、一つの提案をしてみた。

その作戦計画案とは——。

まず、今夜まで待ち、夜陰に乗じて海上を泳いで進む。

タナバク海岸近くに、後部を海面に突出したまま自沈しているはずの一〇一敷設特務艇に到達する。

その艇内に残されている糧食と飲料水を確保して体力を回復したあと、最も近い海岸に再上陸する。

そして、どこかに生き残っている日本軍と合流する。

行動開始は、今夜十二時とする……。

以上の作戦計画の相談を持ちかけた十数名のうち、いっしょに行動しようと賛成したのは、陸軍兵三名と海軍兵四名、それに山中二曹と稲坂兵長がくわわって、計九名――これで計画決行はきまった。

しかし、下士官は山中一人で、あとの八人はみな兵である。

山中は、急に荷が重くなる感じがした。だがここまで来たら、提案者でもあり、もう仕方がない。腹をきめる。

このようにして、実行ときまれば準備は早いほうがよい。みな、それぞれ知恵を出し合って準備にかかる。

二時間ほどして、四、五名の兵たちがどこからか、末口の直径三十センチほどで、長さ四メートルぐらいの枯木の丸太一本を見つけて運んできた。

これに九人がつかまり、海上を泳いで行こうというわけである。

こうして実行することに決定し、準備に入ってみると、周辺でもおなじように海上を進もうと考えている兵たちが、ほかにも何組かいるようだ。

どこへ行こうというのかわからないが、ほかの組の人たちは、山中二曹たちよりはみな早く出発しそうな気配である。

――ここに集合している兵たちは、おもに陸軍兵が多いので、サイパン海岸の地形がわからないのかも知れない。

この朝、五百メートルほど先に接近しているアメリカ上陸軍は、なぜか攻撃をかけてこないし、一発の弾丸も射ってこない――もうすでに、南雲司令長官たちの自決を知っていて、最高指揮官を失った日本軍は、もう攻撃してこないと思っているのであろうか。

ようやく、太陽が西の空に沈むころになり、それでも目立った動きや戦闘もなく、ときどき散発的に遠くの方向で銃声が響いてくるという程度である。

このようにして、にらみ合いのまま、一日が暮れようとしている。

やがて夜に入る。

山中たち九名の者も、丸太を海辺に浮かべて準備にかかる。

しかし、ことを急いては成功することもつぶれてしまう。ときがくるまで、海岸に身を潜めて出発のチャンスをうかがう。

ほかの何組かは、夜も更けるにつれて、一組、二組と出発して行くのが、夕闇の中に微かに見える。

……こんなに早く出発して、どこへ行こうというのだろう、敵に発見されないだろうかと、他人事ながら心配になってくる。

とはいえ、生命を賭けた山中たちの出発する時刻も、一刻一刻、近づいてくる。

――チャンスを間違えて、敵に発見されたらひとたまりもない。

ジーッと、海辺の草むらに潜んで、息を殺して待機をつづける。

そうこうするうちに、夜空の星の動きを見て、十二時をまわったと思われる頃合いを見はからい、山中たち九人も、いよいよ出発することになった。

さながら百足（むかで）のように、太い丸太の両側に九人はしがみついて、丸太を押しながら海岸の崖下を、息を殺して静かに進む。

その前を行くのがだれかはよくわからないが、別の組の人が動く気配がする。

崖はすこしずつ高くなってくる。

見上げると、その高さは八メートルから十メートルぐらいはありそうだ。

そのときである。

山中らの前を進んでいると思われる一組が、崖の上から突然、銃撃をうける。

「ダダダダー」

すさまじい発射音を響かせた機銃弾は、赤い線を引いて海面の黒い影に向かって、射ち込まれる。

山中たちは、急遽、崖の下の窪（くぼ）みに入り込んで身を隠す。ここなら死角になって、敵の機銃弾は充分避けられるはずだ。

そのとき、山中らの眼の前の浅瀬に、さきほどの銃撃でやられたのであろうか、戦死した兵の死体がひとつ、漂いながら流れてくるのが見える——薄暗い海面に、その黒い影がぼんやりと見える。

山中たち九名は、そのまま用心して、一時間ほど息を殺し、その崖下の窪みに潜んでいた。

そのうち、崖上の敵兵もどうやらあきらめて立ち去ったようなので、思い切って、一気に海岸の浅瀬を抜け、海岸から二百メートル以上も離れることにした。

——今夜は、月がなく、星空だけで、隠密行動には最適である。

山中らは、思ったとおり敵に発見されることなく、九名そろって海底を蹴りながら泳ぎ、夢中になって海岸を離れた。

しかし、この付近の海底は、リーフ（珊瑚礁）なので、水深がまちまちである。

陸軍兵の二人が、深みに足を滑らせ、思わず丸太から手を離してしまう。彼らは小銃を片方に持っているので、アップアップしてそのまま沈みかける。

あわてて手を伸ばして引き上げ、丸太につかまらせる。

山中は、二人に銃を放棄するよう強くすすめるが、軍人として銃は生命より大切であると教育されてきた兵隊なので、そう簡単には言うことを聞くわけがない。

あまり渋るので、

「このままでは、お前たち、死んでしまうぞ！　いまはまず、生きることを考えるのだ！」

と、最後は断乎として強調した。

陸軍兵も、これでさすがに小銃を捨てることにした。背に腹はかえられない——このあたりの舵取りを誤まると大変なことになり、生命までなくしてしまう。

そのとき、山中もふと自分の腰に手をやってみた——ない！　自分の唯一の武器と思っていた鞘なしのゴボウ剣を、いつの間にか海の中に落としてしまったのだ。がっかりするが、止むをえない。あきらめるしかないが、心淋しくなる。

二人の陸軍兵にしてみても、小銃を手放すということが、どんなにつらかったことであろうかと、自分のことにひきくらべて察しられる。

このようにして進んで行くと、めざしていた一〇一敷設特務艇が、前方にやがて見つかった。海上にぽっかりと浮かんでいるではないか！

夜目ということもあって、はっきりはしないが、七、八百メートルぐらい先のようである。

山中はここで、みなと相談したうえで、丸太から離れ、一人で泳いでゆき、まず様子を見てくることにした。

しかし、考えてみれば奇妙である……山中は、静かに泳ぎながら、頭の中で思う。

一〇一敷設特務艇は、自沈したときとは違う位置、というより沖の方に移動しているのであり、しかも、正常に浮かんでいるではないか——自然にそうなるわけはない。

……これは、アメリカ軍が、キングストン弁を閉めなおし、排水をしたうえで、沖に曳航したとしか考えられない。もし、そうだとすれば、一〇一敷設特務艇は、敵アメリカ海軍の手によって再度、蘇ったということになり、そうなると、うかつには近寄れない。

山中は海上を静かに泳ぎながら、そのような結論に達した。

気がついてあたりをうかがうと、ここまで来るまでに、崖下の銃撃や待機、沖への退避など連続の苦闘で意外に長時間が経過していたようで、見ると、東の方の空がすこししらじらと明るくなってきたではないか。

もう、間もなく夜が明ける。

山中は状況をだいたい確認したあと、丸太まで引き返す。

みなは、立ち泳ぎのまま待っており、見てきたこと、判断したこと、いまの時刻などを説明し、これからの方針を相談する。

「一〇一敷設特務艇は、もう、すっかりアメリカ兵の手に落ちていると思わねばならない。とすると、現在、アメリカ兵が乗り組んでいるに違いない。それでも乗り込むか」

仲間に聞いてみる。

しかし、それは即戦死を意味する。いや、そばへ近づいて行くことすら、不可能ではないか――船上から銃撃をうければ、抵抗する術もなく、一発であの世行き。死にに行くようなものだ。

当然のことながら、みなの意見はすぐに一致した。

もっとも近い海岸に泳ぎつくより方法はないという結論である。すぐに、丸太を中心にして、一団となって泳ぎはじめる。

しかし、すでに夜は完全に明け、あたりはすっかり明るくなって、見通しも良くなってきている。

このようにして、入り込んだ湾内の海岸まで二百メートルというところまで、ようやく接近したときである。

向こうに見える海岸の砂浜に、小型砲弾が二、三発炸裂して土煙りを吹き上げた。

急いで泳ぎを止め、丸太の動きも停止させて、おたがいに顔を見合わせる。

そのときである。

突然、海岸の砂浜に五、六名のアメリカ兵が姿を現わし、山中たちの丸太に向かって、自動小銃を一斉に乱射しはじめた。

弾丸は、山中たちの丸太の前方十メートルくらいの海面に、

「チャブ、チャブチャブ！」

と、小さな水煙を上げる。

狙い射ちである。しかし、射ち殺そうというわけではないようで、沖の方へ追いやろうと

いう考えらしい——逆らうと、殺されるだけである。

　やむなく、山中たちは必死になって沖に向かい、当てもなく引き返すより仕方がなかった。

　このようにしているうちに、時間は意外に経過してゆき、太陽もすでに高く上り、朝になっている。

「もう、八時を回ったころかね」

と、思わず呟く。

　するとそのとき、観測機であろうか、上翼単葉機が一機現われ、山中たちの丸太の頭上五百メートルの高度に達すると、旋回をはじめた。

　と、突然、超低空に入ったとみるや、丸太に向かって、そのままの高度で突進してきたが、射つ気配はなく、どうしたことか、何事もなく飛び去って行った。

てっきり銃撃されるものと思い、肝をつぶして九名とも一斉に首をひっこめて、思わず海中深く身体を沈めたのだが、息が苦しくなって首を出してみると姿がなく、胸をなでおろす。

だが、やはりふたたび引き返してきて、しかも二度目の低空飛行をはじめた。そのとき、だれであったか丸太の二、三人が無意識であったろうか、片手をあげて思わず手を振ってみせた。

何一つ武器を持たない者にとって、こうやるしかなかったともいえる。

しかし、これが、それからの九名の運命に大きく関わってくるのである。

この単葉機は、間もなく反転し、陸上に向かって飛び去って行った。それを見送ってほっとして見ていると、その飛行機が陸上に通信筒のようなものを投下した。

「やつら、何をやっているんだろう」

と、山中たちは海に漂いながら、不安気にささやきあっていた。

それからしばらくすると、海岸の方から水陸両用の装甲車（アメリカ軍では、これをアリゲーターと呼称する）が四台、猛烈なスピードで白波を蹴立てて、こちらに向かって突進してきた。

しかも、艇首の機銃を烈しく乱射しながらというすごさである。

驚愕して、

「あー、これで俺たちも終わりだ、もう駄目だ」

と、山中たちはついに観念した。

人の死は無数に見てきたが、いよいよ、自分にもそれがやってきた……その死の使いがいま、眼の前に迫ってきている。絶望感が全身を貫く。

そのような緊迫の極みにも、九人の中でただ一人の下士官として、他の兵たちに何もしてやれない、なんとも申し訳ないことになってしまった、と臍（ほぞ）をかむ思いが烈しく沸き上がってきた。

そのとき、陸軍兵の二名が、手持ちの手榴弾を一コずつ取り出し、自決しようとはかった——ほかの何人かも、その兵隊の傍にすり寄る。敵弾で殺（や）られる前に、一緒に死のうという激情であったろう。

しかし、残念ながら、手榴弾は発火しなかった。何時間も海水に浸（つか）っていたから当然である。

山中はその成り行きに、なんとなくほっとし、思わず溜め息をついた。一瞬の出来事であった。

だがそのときは、もう、突進して来た四台の水陸両用の装甲車のうち二台が、山中たちの丸太の周囲をぐるぐる回り出していた。そして、大きくひと回りしたところで停止した。

その二台の車上に五、六名ずつの海兵隊員らしいアメリカ兵が立ち、口ぐちに大声で怒鳴り出した。

そして、各自、大型拳銃や自動小銃で狙いをつけ、さらに怒鳴る。

そのうち、その中の二、三人が自分の両手を上げ、投降の意志を示せ——という身振りを山中たちに示しはじめた。

としても、山中たちにはもう両手を上げる力もないような疲れと衝撃、そういう状態である。

しかも、片手は丸太にしがみついており、それを離して両手を上げれば、そのまま沈み込んでしまうかも知れないほどに疲労困憊している。

その様子を見てとってか、そのあと、アメリカ兵たちは掌を上にして、こちらに来い——という手招きの仕草をやりだした。

それでも、山中たちは顔を見合わせたり、アメリカ兵を見たりという具合で、だれも動こうとしなかった。

すると今度は、水筒を取り出して、水をやるというように示したり、片手にパンをもって、これをやるからこっちへ来い、そんなふうな仕草をして見せる。

これをよそから見ていると、なんともユーモラスなゼスチュアであり、これがアメリカ人の明るい国民性というものであるのかも知れない。

しかし、何の反応もないのに、どうやら業を煮やしたのか、アメリカ兵の何人かが、やにわに白色のロープを取り出し、それで輪を作ったかと思うと、西部劇のカウボーイそのままに、それを頭上で回しはじめ、一斉に両側から山中たちを狙い出した。

まるで、牛や馬を捕獲するようなやり方であるが、彼らにしてみれば、こうするより方法がなかったのであろう。

「パシーッ」

「パシーッ」

と、唸りを上げて、ロープが山中たちの頭上に飛んで来た。

たちまち、一人の兵の首に引っかかり、同時に、もう一人にも引っかかる。

瞬間、ロープは強く引かれ、手繰られ引っ張り込まれる。

行くまいとしてもがけばもがくほど、首のロープは締まってくる。

いやでも泳ぎ出す日本兵は、首を締められまいとして、両手で首のところのロープをつかまざるをえない。

アメリカ兵は心得たもので、そのロープをさらに手繰り寄せる——まるで、カツオの一本釣りさながらの図である。

装甲車の舷側まで引き寄せると、別のアメリカ兵二人が、両側から手を伸ばして引き上げる。

このようにして、何人かの日本兵がおなじように引き上げられた。

この光景を眺めていて、山中ももはやこれまでと観念し、丸太から手を離してゆっくり装甲車の方へ泳ぎ寄り、そのまま引き上げられた。

山中は、引き上げられたとたんに、アメリカ兵二人が両側から、胸に突き刺さんばかりに自動小銃の銃口を突きつけてきた。

そして、毛むくじゃらの大男が寄ってきて、羽交い締めにされ、両腕をうしろに捩(ね)じ上げられる。

「万事休す」

それ以外の何ものでもない。

まったくもって、往生せざるを得ない。

この言葉がぴったりの心境であった。

こうして捕らえられた九人の日本兵は、何時間も海上に浸り漂っていたというだけではなく、捕虜の憂き目もあり全員、だれの顔も歪(ゆが)み、引きつり、蒼白になっている。

ひと騒動して、九人の日本兵全員を収容すると、二台のアリゲーターは、海岸に向かって一気に驀進して行く。

しかし、驀進しながら、前部機銃座についていたアメリカ兵が、前方と左右の海上に向かって、連射を烈しく繰り返す。

驚いて首を上げてあたりをうかがうと、山中たちは広い海上を浮かんで泳いでいたので気づかなかったのであるが、この付近の海面には、人数ははっきりわからないが、日本兵が泳いでいるらしい。

これらの兵たちを追い散らすつもりなのか、あるいは、兵器で仕掛けてくることを用心しての威嚇射撃であるのか——それはそうだとしても、十三ミリ機銃をこのように乱射されたのでは、もし当たったら一発で死んでしまう。

思わず、心の中で南無阿弥陀仏……と祈るだけである。

山中たちを引き上げたように、どうして、この兵たちも拾い上げてやらないのだろうかと、不思議にも思う。

投降の勧告を無視したり、向かって来たりする者は、彼らにしても射たざるをえないのかも知れない。それが戦場というものなのだろう。

山中たちは、みな、疲れ切った身体が金縛り（かなしば）りになったように強張（こわば）り、目を伏せ、がっくりと打ちひしがれている。

## 墓穴の前に立つ

陸上に追い上げられた山中たち九名は、銃口を向けられながら、ひとまず、丸裸にされて、着衣の検査をうける。

拳銃や手榴弾などの危険物を持っていないかということであろう。

そのあと、着衣が許され、白色の大型荷札のようなものを渡され、各自の腰のベルトの部分に取り付けるよう指示される。

見ると、何か書いてあるようだが、とても読む気になれない。

たぶん、捕虜の整理票であろう――それとも、処刑番号なのか、なんとも嫌な気分に落ち込む。

ここは、サイパン島のどの辺りなのだろうか。

なにしろ、アメリカ軍の猛爆と激烈な艦砲射撃などによって、あたりの地形はまったく変貌してしまい、現在位置すら見当がつかなくなっている。ただ、一〇一敷設特務艇が、海上に浮かんでいるのが見えるのであるから、一番最初に上陸した地点から、そんなに離れたところではないようだ。

しかし、山中はサイパンの地理にくわしいわけではない。いや、むしろまったく知らないと言ったほうがよいくらいだ。

なにしろ、サイパンに入港してから敵襲をうけるまでの期間は、たったの一週間という碇泊であり、その間、上陸したのもただの一回だけである。サイパン島の地図さえ見たことはない。

そういうわけで、見わたしてもまったく地形や地理などわかるわけはないのだが、それにしても、このあたりはすさまじいばかりの戦いの傷痕がある。どれほどの激しい戦闘が繰りひろげられたことか。

　いま、その生々（なま）しい戦場跡で、サイパン島の土着の住民が抑留されたのか、それとも、在留邦人なのか、あるいは軍属であるのか、さすがに兵隊ではないようであるが、そういう人たちが、二人一組になって天秤棒のような丸太をかつぎ、中央にモッコのような太いロープで、日本兵の戦死体を吊り下げて、運搬させられている。

　みると、それがあちこちに、幾組もあって立ち働いている。

　その眼に映った戦死体は、ぼろぼろになった三種軍装を着ていたから、山中たちとおなじように、これも海軍の兵たちであろう。冥福を祈り、心の中で合掌する。

　そしてその付近には、長さ五メートル、幅一メートルはあると思われる、深さ一メートル五十センチぐらいの横長の穴が、二、三ヵ所ほど掘られてあり、それらの死体はその中に投げこまれている。

　――このあと、埋められるのであろう。

と、驚いたことに、山中たち九名にたいし、アメリカ兵たちが突然、その死体を埋めるであろう穴の一つに連れて行き、その前に一列に並べという。

みると、その穴はまだ掘ったばかりの新しいほやほやのもので、掘り出した土が、まだ柔らかいそのままで、周囲に盛り上がっている。

死体は、まだ一つも投げこまれてはいないようだ。その穴の第一号となるのか。

九人の日本兵を並ばせると、三名のアメリカ兵が自動小銃をかまえて立った。

その前に、横一列、等間隔に並ばされている山中たちは、もう生きた心地はしない。

〝……アメリカの兵隊たちは、手っ取り早く自分たちを片付けて、うしろの穴に投げこもうとしているな。

……それなら、さっき、海で助け上げるようなことをわざわざしないで、あのとき、いっそ殺って（やって）しまってくれれば良かったのに〟

そんな思いが、山中の頭の中を駆けめぐっていった。

こうして、死体を埋める穴のフチに、横一列に並ぶ惨めな九名の捕虜たち――この土壇場に立って、山中は死を覚悟し、ここで一歩前に踏み出した。

「さあ、一発で楽に殺してくれ、射て！」

そう言いたかったのであるが、口の中がカラカラに乾き切っていて、咽喉（のど）から声になって出てこない。

唇を噛み、振り向いてみなの顔を見返す。むろん、自分も例外ではないのであろうが、み

なの顔からは血の気は引いて、恐怖を越えた緊張でひきつり、蒼白というよりも真っ白になっている。

その顔を見た瞬間、山中の頭の中に閃くように映ったのは、銃弾によってのたうちまわり、苦痛をあらわにして死んでいった戦友の姿であった。

もし、急所を逸れたら、あのような苦しみ方をするのか、それこそ、七転八倒という苦しみであった。できることなら、一発で心臓か、頭の急所を射ち抜いてほしい――そう念じていた。

山中は、そこで踏み出した足をうしろに引き、元の列に帰った。

……人間は死ぬまで、その死に至るぎりぎりまで、どうせ死ぬのなら、すこしでも苦痛のないよう、楽に死にたい、そういう哀れな願望を持つものなのか、と一瞬、心の中で噛みしめる。

そのときである。

指揮官とおぼしき、顔面総髭の軍曹らしいアメリカ兵——みるからに、叩き上げといった毛むくじゃらで強そうな大男の下士官が姿を現わし、

「コラーッ！　なにやっているんだ！」

（言葉はわからないが、そう言っているように感じた）

大声を張り上げた。

その下士官は、日本兵九人の方を向き、

「お前たち、静かにしていろ、もうすぐこれだ」

（これもよくわからないが、そう感ずるような仕草も入った）

と言って、右手で首を締める真似をしてみせながら、ギョロリと、大きな眼をむいてにらみつけた。

しかし、そのあと、やや間をおいて、ニタリと笑って見せた。

この笑いがなにを意味するのかはわからなかったが、一瞬、捕虜たちの緊張感がすこしゆるむのを感じた。

とその直後、左前方の道路を一台のジープが疾走して来るのが見えた。

それは、アメリカ海軍のものらしいネイビーブルーに塗られたジープで、一人の海軍士官を乗せていた。

ジープから急いで降りた士官は、毛むくじゃらの下士官をふくめたその付近のアメリカ兵たちを集めて、何事か指示している様子であった。

山中たち九名は、それから間もなく、墓穴のそばから別の場所に移された。

ひとまず、九死に一生を得たという思いであった。

なにしろ、死体を埋めるために掘られた新しい穴を背にして、横一列に並ばされ、自動小銃の銃口を向けられては、だれも生きた心地はしない。

江戸時代の罪人の斬首刑――あの土壇場という穴の前に座り、首を押し下げられる情景そのものである。

当然、銃殺されるものと覚悟せざるを得なかったのだ。

しかし、これらの成り行きは、アメリカ兵の芝居であったのか、それはわからず仕舞いであったが、山中たちの側にも、アメリカのやり方を知らないために、大きな錯覚があったらしい。

アメリカ軍では、大切な捕虜をそう簡単には殺さないということが、これから体験する捕虜尋問などでわかってくるのである。

なにはともあれ、急場を一応逃れることが

できて、生命だけは助かったという成り行きであったが、先ほどのジープで駆けつけた海軍士官が、この危機脱出とどう関係があったのだろうか、また、どのように関係してゆくのかは知るよしもない。

しかし、この士官のおかげで一命が助かったのではないかと、そのときは九名の兵隊たち全員が、有難く感じたものである。

死の恐怖にさらされたとき、人間はまったく奇妙な感覚におち入るものである。

このあと、山中たち九名そろって、その日の夕刻、捕虜たちが多勢集められている場所にトラックで連行された。

その後は、山の中腹、山あいの広場から大集合場所へと移され、やがては、輸送船でハワイを経由して、アメリカ本土のサンフランシスコ天人島の捕虜収容所へと送られることになる。

## 従軍牧師の胸に光る十字架(ペンダント)

七月二十日。

大集合所には、小天幕がいくつも張りつめられ、日本兵捕虜は陸海軍別々に集められていた。

捕虜の集合所は、例外なくどこでも衛生状態が悪く、ここでもアメーバー赤痢が発生して、

腹痛で苦しむ者が多い。

　食事は、半煮えの飯と魚肉などの缶詰少量であった。

　むろん、食器などはなく、缶詰のアキ缶を使用し、箸は木の小枝を折って使った。

　この期間で山中二曹にとってもっとも印象が深かったのは、墓穴から山の中腹の仮幕舎に移り、そこに数人ずつ入れられたときのことだ。

　雨が強く降っていた。

　その雨の中を、一人のアメリカ軍将校（あとでわかったことだが、中佐であった）が、雨具も着けず、また、一人の従兵も連れないで、自分で医療箱をかかえ、仮テントの一つ一つを訪れて傷病兵の一人一人を丁寧に治療してまわっていた。

　山中二曹も、この人の治療をうけた。

　順番がまわってきて、左ふくらはぎの負

傷と頭部の裂傷の手当てをしてもらったが、その将校の胸もと襟の内側に、キラリと光る金色の十字架(ペンダント)をふと眼にした。

従軍牧師さんらしい。

山中兵曹は、その有難さに思わず涙がこぼれ落ちるのを止めようがなかった。

汚れ切った敵兵の傷の手当てをしている従軍牧師さん(もちろん、軍医の資格を持った中佐待遇の士官である)の、大柄で、フチなし眼鏡をかけた雨に濡れた慈顔が、いまでも忘れられないという。

——信仰と信念の人、その深い愛の行動は一生忘れられるものではない。

その後、山中兵曹は大集合場に二週間あまりいたが、八月中旬、護送船(アメリカ軍の兵員輸送船)に乗せられて、ハワイ島に送られることになる。

船中で、食事が一転して良くなったことには驚かされた。

### オアフ島の幕舎と蠍(さそり)

昭和十九年八月下旬。

ハワイに入港した日本軍の捕虜たちは、オアフ島の乾燥地の幕舎に収容される。

昭和十九年九月には、中部太平洋方面の日本軍捕虜は、おおむね、オアフ島の幕舎の収容所に入れられた。

山中兵曹たちも、十二月中旬になって、アメリカ本土のサンフランシスコに護送されるまで、ここに収容されていた。

この幕舎は粗末なもので、乾燥した砂地の雑草の中から、ときどき大きなサソリが出没し、捕虜たちを悩ませた。しかし、このサソリには、猛毒はなかったようだ。

ここの収容所長は、アメリカ海軍情報部のハギンスという大尉で、副所長はおなじく、オーティス・ケーリ中尉（まもなく大尉に昇進）であった。

ほかに、ゴーラム少尉など三名の幹部がいて、日本兵捕虜を管理していた。

この幹部たちは、みな日本語が堪能で、とくにケーリ中尉に至っては、北海道の小樽市生まれであり、キリスト教宣教師を父に持ち、東京の青山学院に学んだことがあるとか。なにしろ、流暢（りゅうちょう）なベランメー口調の歯切れの良い東京弁であり、チャキチャキの江戸っ子である山中でさえ顔負けするような日本語であった。

このケーリ中尉は、太平洋戦争（第二次世界大戦）が終わってから、アメリカの大学に復学し、卒業後、日本に来て、京都の同志社大学教授となり、教鞭をとることになる。

一方、ハギンス所長は、なかなかの厳格一徹さで、日本兵捕虜が大尉にたいする敬礼をすこしでも手を抜くと、

「日本軍は、そんな教育をお前たちにしていないはずだ！」

厳しく大声で怒鳴りつけるといった具合であった。

ゴーラム少尉など、ほかの士官たちは、日本海軍でいえば、いわゆる、予備学生出身のような将校で、みな、若々しく温厚な人たちで、捕虜との接し方も穏便だった。

しかし、捕虜にたいする訊問は、一人一人、全員にたいし、それも、頻繁(ひんぱん)に何回となく実施された。

山中二曹にたいしては、二名の情報部将校が四、五回にわたって訊問した。

それは、主として戦闘配置の水中測的兵器についてであった。

なかでも、日本海軍の九三式探信儀や水中聴音機について、かなりくわしい知識を持っている一人の将校から激しい訊問をうけたときは、山中兵曹もいささかあわてる場面もあった。

しかし、可探知距離とか、可聴性能などについては、だいぶ水増しした内容で答えたりして、それが精度の高いものであると誇張した説明を行なった。

相手が相当の知識をもった人であるだけに、山中兵曹はすこし心配したが、何も疑われることなくすんだので、ホッとした。

## 水上艦隊の出番

太平洋戦争では、飛行機にその主力の座を奪われ、水上艦隊決戦の出番は、なかなか来なかった。

その水上艦隊も、安閑として太平洋戦争を敗北に導いたわけではない。

日本海軍の主力である戦艦をみても、十二隻が就役したが、十一隻が戦没し、残ったのは「長門」一隻であった。

その「長門」も、横須賀海軍工廠の桟橋に横づけされ、砲台化という形で終戦を迎えるが、戦後、アメリカのビキニ環礁で行なわれた原爆実験艦に供されて海底へ姿を消した。

そのとき、「長門」は原爆に直撃されても、容易に沈まなかったという。

現在も、水深四十メートルあまりの海中に眠りつづけ、漁礁となっている。

また、戦艦につぐ戦闘艦である巡洋艦も、一等巡洋艦十八隻、二等巡洋艦二十二隻が就役し、それぞれ活躍したが、生き残ったものはわずかであった。

重巡「高雄」のように、シンガポール・セレター軍港の岸壁に横づけされたまま、敗戦を迎えたものもあるが、これもまた、やがて処分されて海底へと消される運命にあった。

なんといっても、一番大量につくられたのが駆逐艦であった。

この駆逐艦も一等と二等に区分され、排水量一千トンを超えるものを一等駆逐艦、一千トン未満を二等駆逐艦ときめられていた。

そのうち、「峯風」「神風」「睦月」「吹雪」「初春」「白露」「朝潮」「陽炎」「夕雲」「秋月」「島風」「松」「橘」など、十五の型からなる一等駆逐艦は、百六十九隻が建造された。

「樅」「若竹」の二つの型からなる二等駆逐艦は、二十九隻が建造され、それぞれ、任務について太平洋戦争を闘ったが、「雪風」「神風」「春風」など数隻を残すのみで、ほとんどが戦没してしまった。

四十口径十二・七センチ砲と機銃を搭載、二〜四連管の魚雷発射管（次発装填装置付）を装備した一等駆逐艦は、航空機の発達しない戦前までは、連合艦隊の花形的存在であって、もっとも機動的な攻撃が可能な戦闘艦であった。

二等巡洋艦を旗艦として、最大四駆逐隊十六隻が一隊となって突進する夜襲は、海戦では最大の見ものだった。

その水雷戦隊の夜襲を軽快に操るのが、舵である。

駆逐艦の舵は、釣合舵の単舵が使用されていた。

その舵の大きさは、もっとも大きい秋月型の十・〇三平方メートル（三・〇三坪）から、

もっとも小型の峯風型の五平方メートル（一・五坪）となっている。

　その大小の差は、「秋月」の二千七百一トンから「峯風」の一千二百十五トンまでの排水量の開きによるものである。

　駆逐艦は、軽快で舵の利き方も早く、最小一万九千馬力から最大七万五千馬力の強力なエンジンをフル回転して、三十四ノットから三十九ノット、ときには、四十ノットを超える高速で走行することができる。

　その舵輪を握って操舵する気分は、最大の緊張のなかにあって、一段と壮快きわまる喜びであった。

　駆逐艦は、こうして南太平洋、ソロモン、珊瑚海、スラバヤ海など、いくつかの海戦で奮戦したが、飛行機の前には花形夜襲の出番もすくなかった。

　もっぱら、機動部隊の直衛、輸送船団の

護衛という任務が多かった。

このように、飛行機の発達とともに、駆逐艦の性格は、太平洋戦争中に大きく変化し、ひと言（こと）では言い表わせないような難しい情況になっていた。

しかし、駆逐艦としての基本的任務は変わらず、その軽快さと高速を発揮しての多様な任務に従事する水上艦隊であったが、やや、消耗品傾向にみられる悲劇的運命でもあった。

太平洋戦争以前の駆逐艦は、高速を利して魚雷を発射し、敵の大型艦を攻撃撃沈することが主な任務であり、艦隊や輸送船団の護衛や、対潜掃討、陸上砲撃、偵察、警備、掃海のほか、煙幕を張ることによって味方艦隊を隠蔽するなど、何でも小回りの利く戦闘艦であった。

そして、昭和六年六月一日——いままであった一、二、三等の区分は集約され、一、二等の二種類になり、このときから、基準排水量一千トン以上を一等駆逐艦、一千トン未満を二等駆逐艦と決められた。

その一等駆逐艦が、水上艦隊の花形として本格的海戦に参加することになるのは、皮肉にも、連合艦隊の敗北が決定的となった最後の決戦である「捷一号作戦」発動になってからである。

いま、その捷一号作戦は発動され、駆逐艦決戦の場面がやって来たのである。

## 総員集合

昭和十九年十月二十一日、わが連合艦隊の虎の子ともいうべき戦艦「大和」「武蔵」をふくむ水上艦隊の主力部隊は、ボルネオ西北部に位置する天然の良港ブルネイに集結した。

あ号作戦の敗北により、機動部隊の空母「大鳳」「翔鶴」「飛鷹」の三隻と、陸上基地をふくむ航空機一千五百機を喪失した日本海軍は、大機動部隊に護衛されてフィリピン、レイテ島に攻勢をかけてきたアメリカの上陸部隊にたいして攻撃をくわえ、それを撃退するためには、このとき無傷に近い状態で残されている戦艦や巡洋艦、駆逐艦で編成される水上艦隊での決戦しか、残された方法はなかった。

なかでも、作戦の主力となるのは、「大和」と「武蔵」の四十六センチ主砲による艦砲射撃であり、これが最大の攻撃力であった。

この水上艦隊と航空機との対決戦の場合、いかに水上艦隊のほうが歩が悪く不利であるかは、緒戦におけるあのマレー沖海戦をみてもわかることである。

当時、イギリス東洋艦隊の主力で、不沈艦ともいわれた「プリンス・オブ・ウェールズ」（戦艦）と「レパルス」（巡洋戦艦）の二艦が、わが方の航空機の攻撃によって、あっけない最後をとげたことで経験ずみである。

このときのマレー沖海戦を振り返ってみると、昭和十六年十二月十日、一一三〇。クアンタン東方五十五マイルを北上中のイギリス海軍の巨大戦艦二隻を発見した日本海軍は、仏印のサイゴン、ツドモー（サイゴン北方）の二基地から発進した元山、美幌、鹿屋の各航空隊（計八十五機）は、九六陸攻三十四機で爆撃をくわえるとともに、一式陸攻二十六機と九六

陸攻二十五機で雷撃を敢行した。

護衛戦闘機をともなわない丸裸のイギリス艦隊は、必死の対空砲火で応戦したが、つぎつぎと投下発射される爆弾と魚雷を浴びて、あえなく撃沈されてしまった。

わが方の損害はいたってすくなく、九六陸攻一機と一式陸攻一機が撃墜され、不時着大破一機、被弾二十七機であった。

このように、水上艦隊がいかに空からの攻撃に弱いかということを、みずから見せつけた海戦である。

しかし、昭和十九年秋の時点ではもはや、敵機動部隊に対抗する航空機はわが方になく、裸同然の艦隊であった。

こうして、この比島沖海戦ははじめから、かの緒戦におけるマレー沖海戦とはまったく敵・味方ところを替えてといった不利な状態で対決することになったのである。

マリアナ沖海戦だけでなく、台湾沖航空戦でも一千五百機という大量の航空機を失い、空母搭載機はもとより、陸上基地にすら残された航空機はすくなく、それにもまして、この飛行機に乗る熟練パイロットさえこと欠くしまつで、これまた大きな傷手（いたで）であった。

いかに無傷の大戦艦といえども、裸同然の艦隊では、はじめから勝負は見えていた。

しかも、航空機とは別に、比島近海に出没する大量の敵潜水艦の攻撃も、あなどりがたいものがあった。

昭和十九年十月十八日、夕闇迫るリンガ泊地では、出撃準備が完了しようとしていた。

今回の比島沖海戦の総指揮をとる第二艦隊旗艦・重巡「愛宕」の艦上では、総員集合がかけられ、全員（乗組員の八十パーセントにあたる一千人近い将兵）が後甲板に集合し、その兵隊たちを前に、大佐に昇進したばかりの副長・根岸実大佐が、一段高い台の上に登り、突入作戦のあらましを説明し、乗組員の決意をうながした。

五番砲塔を背にして立った根岸実副長は、緊張した面持ちで、電機分隊の兵長の渡すマイクを胸につける。その襟章には、鮮やかに金筋二本に桜の星が三つ並んでいる。

「おい、副長、いつ大佐になったんだい」

と、うしろで囁く声が聞こえてくる。

「十月十五日付らしいよ」

「へぇー驚いたねぇ」

「驚くのはまだ早いよ」

「なんでだー」

「艦長は、少将になったよ」

「じゃー、艦長は少将、副長は大佐というわけか」

「すごい豪華版だね」

　みな、喜んでいる。

——ちなみに、荒木伝艦長は海兵四十五期、根岸実副長は海兵四十九期と、いずれも日本海軍華(はな)の指揮官である。

　このレイテ突入間近に少将に進級した艦長は、戦艦、巡洋艦など、幾人もいたようである。少将の艦長——日本海軍の艦長も重みを増してきた。

　一千人近い乗組員を前に、根岸副長は、後甲板に用意された黒板に張り出された地図をもとに、第一遊撃部隊の作戦の説明に入った。

　まず、進撃経路について説明する。

　大艦隊は、第一、第二、第三の三つの部隊に分かれる。本隊である主力の第一、第二部隊は、「大和」「武蔵」「長門」などをふくめて三十二隻、これらが当艦（「愛宕」）を旗艦としてパラワン水道からシブヤン海へ——そして二十四日夜には、サンベルナルジノ海峡を抜けて北から南下、レイテ海面に迫る。

　一方、第三部隊は、「山城」を旗艦とし、司令官・西村祥治中将（海兵三十九期）、「扶桑」など七隻からなり、主力が速力の遅い旧型艦であるため、レイテに向かって太平洋側の南からの近道を北上、パラパック海峡からスリガオ海を通過し、レイテ湾に直行——二十五日夜明けには、決戦海面に達する。

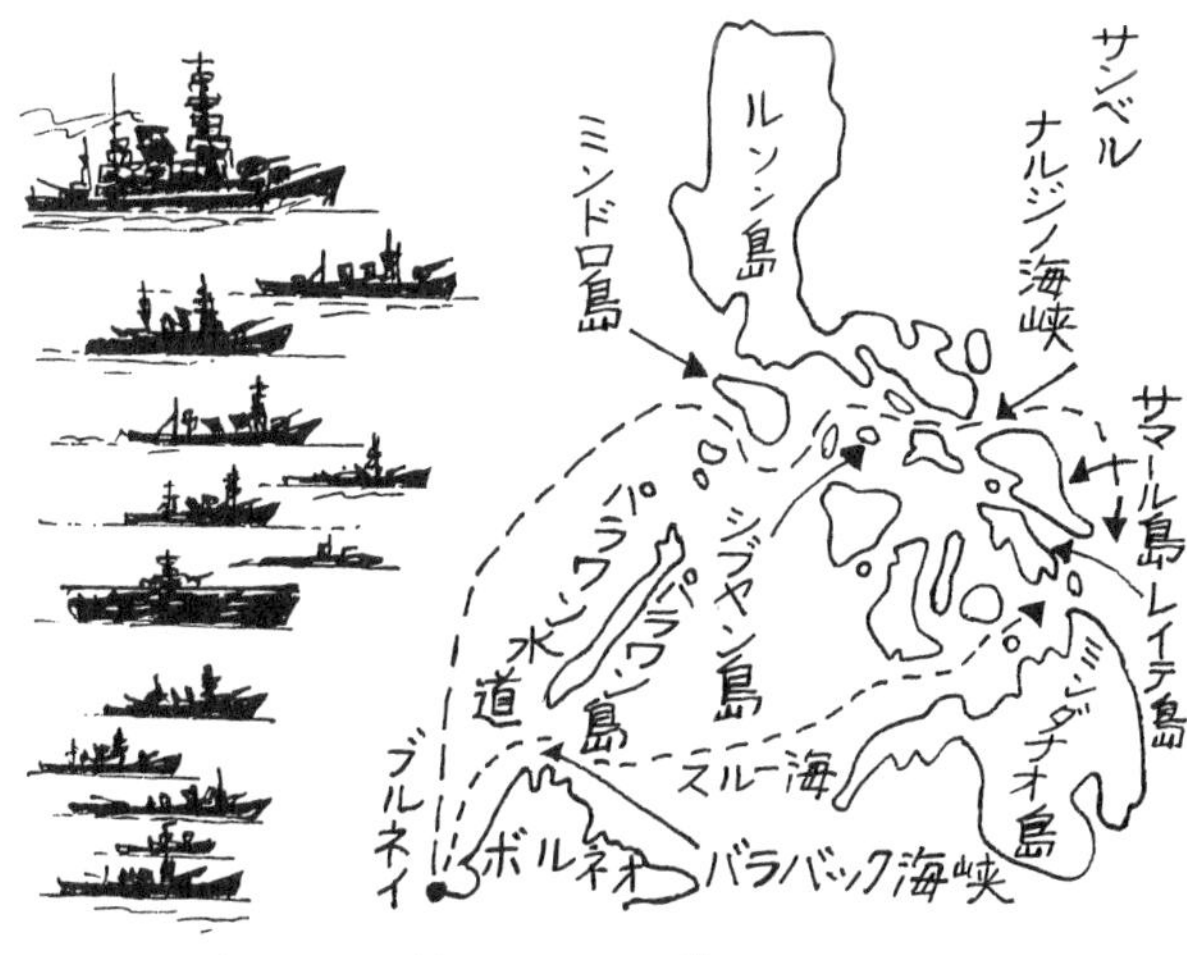


こうして、二十五日払暁（ふつぎょう）には、ともにレイテ海面に達し、群がる敵を挟み撃ちにする形で撃滅する。

二十五日朝には、作戦は終了しているであろう。みんな、頑張ってほしい……。

このように根岸副長は、説明を結んだ。

聞き入っていた乗組員たちは、みな興奮に満ちた姿で、引き続き出撃準備の仕上げに手ぬかりのないよう、それぞれの戦闘配置に散っていった。

いま、日本海軍の全艦隊が、打ちそろって最後の出撃地ブルネイに集結しているのである。

かくして、翌二十二日〇八〇〇、ブルネイを出撃した主力三十二隻は一路、北上をつづけ、パラワン水道を之字運動を継続しながらさらに北上する。

速力は十八ノット――本隊の第一、第二部

隊は、二キロメートルの間隔をおき、先頭を行く旗艦「愛宕」は、中将旗を大檣上高く掲げ、ひたすら前進をつづけている。

——心は、早くも二十五日早朝のレイテ決戦に飛んでいる。

パラワン水道の朝は静かである。海面にただよう霧は、夜明けとともに消えようとしていた。

早朝訓練に入るための号令が下される。

「配置につけー」

当直将校のよく通る号令が、全艦に響いた。

艦橋中央には、参謀長・小柳冨次少将、右舷長官指定席には、司令長官・栗田健男中将、左舷には、艦長・荒木伝少将、中央羅針盤の前には、航海長・横田元中佐と、みな定位置につき、艦隊参謀や他の士官たちも、それぞれの位置で待機している。

一応、全員配置が完了したところで、「各自、早朝訓練に入れ」と下令される。

荒木艦長は振り向いて、航海長の横田中佐に、

「航海長、位置を出しておいてくれよ」

と、ひと言いう。

「ハイー」

と返事した横田航海長は、前面の従羅針儀を見ながら、つぎの当直将校が上がってくるのを待っている。そこへ、四分隊長・荒木和雄大尉（海兵六十七期）が上がってきた。

「四番、たのむよ」

と言って、荒木大尉と交代する。

艦隊は、規則正しい之字運動を繰り返しながら進行している。

航海中、羅針艦橋は司令塔である。まして、艦隊旗艦ともなれば、そのいそがしさは他の艦の比ではない。

無線は封鎖されているので、もっぱら受信に神経が集中する。そのかわり、旗旒や発光信号、手旗など、航海科の信号は多くなってくる。

旗甲板では、旗旒信号に対応するために、信号兵がひと言(こと)も逃(のが)すまいと耳をそば立て、即応態勢でいる。 

また、艦長のすぐ後ろにいる艦長伝令は、眼鏡に眼を当てたまま、艦長の命令をひと言も聞き洩らさないように、厳しく神経を集中している。

そのとき、信号員長の小杉喜一上曹は、それらの間を縫うようにしてまわり、信号兵たちに間違いないように確かめている。

また、羅針艦橋屋上に位置する防空指揮所では、堀井一曹を長とする見張員が必死にそれぞれの眼鏡について、海面の動きを見張っている。

早朝、なにが一番恐いかというと、敵潜水艦の奇襲である。一分一秒の差が、艦の命運をきめかねないのだ。

砲術関係は早朝訓練に入ったが、高角砲はまだ砲塔を旋回していなかった。艦橋右舷の高角砲指揮所では、二分隊長と指揮所伝令員の三人が、右舷の海上を見つめていた。

艦隊は之字運動のため、左に変針——左五度のところに定針した。

「トーリカージ、モドセー、取舵変針五度ー」

という荒木大尉の号令により、取舵五度のところに定針した。

そのときだった。右四十五度方向、約一キロメートルの海面に異常な波を感じる。

「あれ、なんだ」

と、小さく叫んだときである。

防空指揮所見張台の眼鏡についていた見張員が、突然、

「右舷四十度一〇、敵潜!」

と叫んだ。

「面舵一杯!」

荒木伝艦長の号令とほとんど同時のように、羅針盤の前に立つ荒木和雄大尉は、操舵室に通じる伝声管に向かって、思い切り大声で、

「面舵一杯、急げ!」

と、指令する。

操舵室で舵輪を握る西林隆造兵長は、

「面舵一杯、急げー」

と復唱すると同時に、舵輪を風車のように右一杯に回す。

「面舵三十五度！」

と、大声で報告する。

そのときは、「愛宕」の前檣上には発光信号が点滅し、青々と信号がひらめいていた――転舵を知らせる緊急信号である。

## 応急操舵室

海戦や航空戦などで一隻の軍艦が撃沈されたときには、さまざまな悲劇的「ドラマ」が起きる。

まして、それが全艦隊の指揮をとる旗艦ということになると、これはなおさらのことである。とくに敵潜などによる不意打ち的な攻撃の場合は、そのドラマはますます拡大されてくる。

昭和十九年十月二十三日午前六時二十八分――パラワン水道の夜明けである。

栗田艦隊旗艦「愛宕」の右一線上、二キロメートルの間隔をおいて走る「岸波」の艦橋上に立ち、左舷方向を見ていた通信士・奈古屋嘉茂少尉は、「愛宕」の右舷前部に、突然、巨大な水柱の吹き上がるのを見た。

そのすこし前、旗艦のマストには、「青々」の旗旒信号が掲げられ、発光信号が閃き、舵の動きを示す舵柄信号が大きく面舵に転舵した。それで、

「おや、敵潜かな」

と思った瞬間であった。

その水柱は、第一発が消えきらないうちに第二弾、第三弾と、ほとんど十秒間隔ぐらいで四本の水柱が連続して吹き上がった。

一万五千トンの「愛宕」は、水煙につつまれる。

もはやこれは疑いなく、敵潜の魚雷攻撃に違いない――「岸波」の艦橋上の眼が、一斉に左前方の海面に向けられる。

敵潜の位置は、「岸波」と旗艦の隊列の中間三十度前方三角点の頂点ぐらいと予想される。「岸波」の艦橋上は、急に殺気立ってきた。

そのときである。旗艦から緊急手旗信号で、「ヨレヨレ」（近寄れの意味）の信号が送られてくる。

ほとんど同時に四本も被雷した旗艦は、たとえ沈まないにしても、旗艦としての戦闘指揮はもう不可能である。早急に司令部を移乗させなければならず、その間の空白は一時たりともゆるされない。

ただちに、右舷六キロメートルを走る第一戦隊旗艦「大和」に信号を送り、作戦指揮の代行を一時、第一戦隊司令官である宇垣纏中将に委譲する。

「岸波」には、

「旗艦被雷、司令部移乗、至急、横づけされたし」

の至急手旗信号が送られてくる。

「岸波」の後方二・三キロメートルに続航する「朝霜」にも、おなじ信号が送られる。「岸波」は「愛宕」の後方に迂回し、まもなくその左舷二百メートルに近づく。

横づけさせようとする「愛宕」の司令部は、手旗信号で「ヨレヨレ」の信号をさかんに送ってくるが、沈没時に引き込まれる二次災害の危険を恐れて、「岸波」は百メートル付近より近づかない。

二次災害を防ぐためには、これが正解で

あったようだ。

意を決した司令部は、栗田長官を先頭に海中に入り、泳ぎだした。そのとき、海中に入る直前、参謀長の小柳少将が外舷を滑り降りるとき、突起物に太股を打ちつけ負傷するが、戦闘指揮には影響ないようである。

こうして、司令部はぶじに「岸波」に移乗することができ、岸波の前檣上には、いち早く中将旗が掲げられる。

被雷時、「愛宕」の甲板上では、右舷高角砲甲板にある二十五ミリ三連装機銃の射手・鈴木善之助兵長（二分隊）が、三連装の機銃を上下、左右に旋回し、早朝訓練をつづけていた。

第一弾の魚雷攻撃のショックには驚いたが、自分のいる右舷中部に敵潜の魚雷が迫っていることなど、まったく気づいていなかった。

第一弾につづいて第二弾の被雷のあと、十二秒ぐらいの間隔をおいて、自分のついている機銃座の真下あたりに、「ガクーン」という直下型地震のような大衝撃を受けると同時に、水柱が大きく吹き上がる。

「ガクーン」という大きな震動に、危うく機銃座から振り落とされそうになる――握っていた両手のハンドルをしっかりとつかみ、どうにか転落を防いだ。

このとき、飛行甲板左舷の十三ミリ単装機銃の指揮をとっていた萩原力三一整曹は、右手に指揮棒を握って、対空戦闘の訓練を行なっていた。

このころの実際に予想される戦闘は、そのほとんどが対空戦闘であった。したがって、軍艦の兵器もその対空戦に重点がおかれていた。

たとえば、一等巡洋艦にしても、十二・七センチ高角砲四基八門をそなえ、機銃は二十五ミリを主力として十三ミリと合わせて六十三梃を装備していた。そのほかに、主砲も仰角を上げて、対空戦闘がやりやすいように改造されていた。

兵員の配置も、いままでより見張員の数を増やして、敵機の発見を一刻も早くできるように猛訓練を繰り返していた。

「あ号作戦」以後は、巡洋艦以上の大檣上にはレーダーも装備して、対空戦闘にたいしては万全の処置を講じていたのである。

この対空戦闘をより効果的にするために、兵科以外の兵たちにも機銃の操作が可能のように、連日、訓練を行なっていた。その代表的な例が、このとき飛行甲板左舷で、十三ミリ単装機銃の指揮をとっていた萩原力三兵曹である。

萩原兵曹の戦闘配置は、九分隊の飛行機（水上偵察機）の整備員である。通常は水偵の整備作業にあたっているのであるが、敵機襲来の場合は、飛行甲板に装備されている十三ミリ単装機銃につく三名の兵の指揮をとることになっていた。

海軍では通常、給食などに携わる主計兵たちも、いざ戦闘となれば、弾丸運びなどに従事することになっている。戦闘ともなれば、一人の兵隊でも空白なく戦いに全力を注げるようにきめられている。

一等巡洋艦（重巡）は、日本海軍の中でも戦艦につぐ攻撃力を持ち、駆逐艦にも勝るような六十一センチ魚雷発射管、四連装四基、十六門をそなえ、大戦艦に対抗できる戦力を保持し、しかも、三十四ノット以上も出せる高速は連合艦隊の花形的存在であり、機動部隊の直衛にはかかせない重要な存在であった。

その通常の乗組員は一千名をこえ、水偵三機を搭載、射出機二基をそなえ、まさに万全であるかにみえた。

甲板は上甲板から最下甲板、船倉甲板へ、ビルでいえば地下四階まであり、水線上は、高角砲甲板から艦橋まで八階建てのビルに匹敵する。

そのほか、十二の重油燃焼缶を持つとともに、艦本式タービン八基、四軸、前部、後部、左、右に、四つの機械室をそなえ、四つの推進器を十三万三千馬力のエンジンで回転させていた。

その全力疾走する姿は、まさに大魚の走行するに以て、勇ましさがあった。

この重巡の戦隊が、四隻縦陣になって全力走行中、主砲二十センチ十門で一斉射撃するようすは、重巡に乗った者の冥利につきる感があった。

その重巡の花形、四戦隊の「愛宕」「高雄」「摩耶」の三隻がいま、瀕死の重傷に喘(あえ)いでいる。

重巡にも戦艦とおなじように「バルジ」が装備され、水線下の防備は完全と思えた。

吃水線の下、すこし下がったところから船底側面にかけて、空間の部分をさらに外舷の外側につくり、その中に鉄パイプなどを多数入れて、敵の魚雷攻撃で被害をうけたときのショックを和らげ、被害を最小限に喰い止めるようにされていた。

艦尾の最後部中甲板よりやや低いところに、この重巡を動かす舵取機械があった。

重巡の舵は単舵といって、大きな鉄の厚い板が垂直に艦尾海中に取り付けてあり、これを右に左に方向を変え、高速走行の艦を自由に走らせていた。

その海中の舵の前後の、前から三分の一ぐらいのところに、舵を回転させる強固な鉄棒が取り付けてあり、この鉄芯(しん)を動かすのが舵取機械である。

舵取機械は、水平前後方向両側にそなえつけたピストン型の油圧装置で動くようになっていた。つまり、油圧式大型クレーンの原理で舵取機械が電動式になっていて、これを自由に動かしていた。

このハンドルともいえるスイッチの役目をするのが艦橋操舵室で、動かす舵輪に接続する水圧パイプによって舵がとられていた。

その水圧パイプが、下甲板電線通路を、左、右両舷に分かれて二通り走っている。これは、

出港ごとに右、左どちらを使うか、切りかえ装置によって交互に使用されていた。

一方が故障すれば、ただちに他方に切りかえて使用できるようになっている――これが、この日、右舷側が使われていたということが、艦にとっての不運の一つであったのかも知れない。

通常、商船などでは、航海中、船の針路を保持したり変針したりする眼の役割を果たすジャイロ・コンパスの受け持ちは、航海士がやっていたようであるが、海軍ではこのジャイロ・コンパスの受け持ちは、航海学校高等科卒の下士官（高舵兵曹）があたるのが普通である。

これが故障すれば万事休す、である。いかにほかの兵器が完全であっても、そうなれば軍艦は死んだも同然である。

その舵は、通常は海中にあって姿を現わ

すことはなく、人目に触れることはないのであるが、平時であれば、年に一回定期的に、戦時では必要に応じて入るドックでは、その全貌を現わす。

　私は昭和十八年十一月、「愛宕」が横須賀海軍工廠五号ドックに入渠したとき、舵の全貌をしみじみと見上げ、その形状を観察したことがあり、その大きさに驚いたものである。

　それも、四つの三枚羽根の大きなスクリューのうしろに、この舵はついている。

　これを航行中、いつも自分たちが動かしているのだと思うと、これからも誇りをもって舵取りにあたろうと、決意を新たにしたものだ。

　そして、いまドックに浮き上がっている巨艦が、ひとたび海上に浮かぶと、この舵を動かすことによって、自由に高速走行が可能になるのだ。

　この舵と一体となって、艦の走行に欠かすことのできないのが「ジャイロ・コンパス」である。そのジャイロを受け持つ自分の責任の重大さに、身も心も引き締まる思いがしたものである。

　私が受け持っているそのジャイロ・コンパスの場所は、ビルでいえば、地下四階の船倉甲板である。

　ここまで降りてくるには、後甲板後部五番砲塔左舷にある入口から、中甲板（地下一階）を通り、下甲板（二階）、最下甲板（三階）、そしてさらにこの船倉甲板（四階）まで来なければならない。

　通常、平時で何事もないときには、ただラッタルを降りて、最下甲板から船倉甲板へと降りればよいわけであるが、戦闘ともなるとそうはいかない。いつ、どんな被害をうけるかわからないから、戦闘閉鎖といって、これらの各甲板（地下）の出入口は、厚い防水扉（鉄の扉）で閉鎖されている。

それも強固な「ケッチ」と称する止め金で、一つの扉に四個から七個のケッチでがっちりと止められ、浸水にも被害にも堪えられるようにできている。

居住甲板などのメイン通路には、緊急時に出入りするため、その扉の中央部分に、人間一人がやっと通り抜けられるぐらいの丸い窓のような小さな蓋に似た形の鉄の扉が取り付けてある。

これを開閉することによって出入りするわけであるが、これもケッチで固く締められており、中央のハンドルを手で回して開閉するようになっている。

そのほかに、下甲板から下の弾火薬庫など防御区画に通じる最下甲板の階に下りるときは、さらに厚い防御蓋という上下に開閉する百キロにもなる厚い蓋が閉められているのである。

このようにして、最下甲板（船倉甲板）の私のいるジャイロ・コンパスの部屋まで降りて行くには、六つの防水扉（蓋）と一つの防御蓋を開閉しなければならない。

では、このジャイロ・コンパスの部屋（海軍ではこれを後部転輪羅針儀室、すなわち、後転とよんでいた）――後転の周囲の情況はどうなっているのかというと、まず、入口手前左側には、後部管制盤といって、艦内電源二百二十ボルトの交流のすべてをコントロールする電機分隊の最高指揮所がある。

そこの右側の防水扉を開けたところに、後部変圧機室があり、下士官、兵各一名によって、変圧機の運転が行なわれている。

その右側の防水扉をもう一つ開けたところが、私のいる後転である。部屋はやや細長く横に広がっていて、前面鉄板の壁一つ隔てて弾火薬庫、左側は海水があたる外舷バルジである。トントンと前面の鉄壁を叩けば、弾火薬庫に通じる。

部屋の中央には、安式二号という最新式のジャイロがでーんと設置され、付属機械が周囲にところせましと取り付けられている。前面鉄壁には、直通電話とラッパ状の伝声管がいっぱい取り付けられていて、艦内のあらゆるところへ直結した連絡が可能なようになっている。また、火薬庫の壁に向かって極小の折りたたみのテーブルと椅子――これが、私の戦闘配置である。

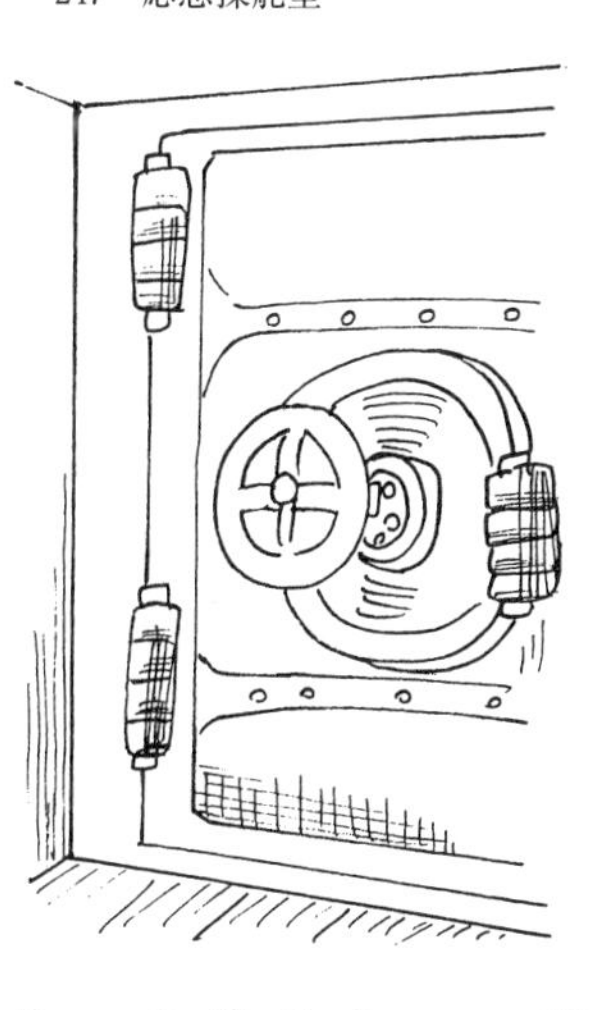

なお、後転は後部（第二）操舵室になっていて、艦橋操舵室と同型の舵輪が入口右に取り付けてある。万一、戦闘などのため、艦橋操舵室が使用不能に陥（おちい）った場合は、ただちに後部に切りかえ、ここで舵を取ることになるのである。

昭和十九年十月二十三日、午前六時二十八分、――私は、地下四階の後転のこの小さな折りたたみ椅子に腰掛けていた。

海上は静かで、東シナ海パラワン水道の夜は、明けようとしていた。

レイテ海戦に向かう三十二隻の大艦隊は、十八ノットで北上していた。私の乗り組む重巡「愛宕」は、その栗田艦隊の旗艦である。

室内はそのとき、静寂そのもの。ビルの地下四階にいるようなもので、かすかにまわる隣室の変圧器の回転音が聞こえてくるくらいのもので、まことに静かであった。

「コトコト」

と、艦底の海中で回転しているスクリューの回転軸の音が響いてくる。

前進強速（十八ノット）の回転音は、リズムにのって心地よい。

いつものように、一斉に早朝訓練のため、配置につけがかかり、それが終わったあと、ふたたび、各自訓練に移れ、という命令が艦内に伝達された。

その直後に、被害は突然、起こった。

## 旗艦被雷

後部転輪羅針儀室の小さな折りたたみ椅子に腰をかけ、静かに回転しているジャイロ・コンパスの目盛りを確認したあと、配電盤に取り付けてある時計に眼をやった。

六時二十八分を差している。

そのときである。突然、艦底から突き上げるように、ガクーン、というショックをうける。いつも感じている艦の主砲の一斉射撃でもない――そうかといって、敵の潜水艦発見による爆雷の威嚇（いかく）投射とも違う、そのいずれよりもショックが大きい。

〝おかしいぞ〟と思ったつぎの瞬間、

「ドドーン！」

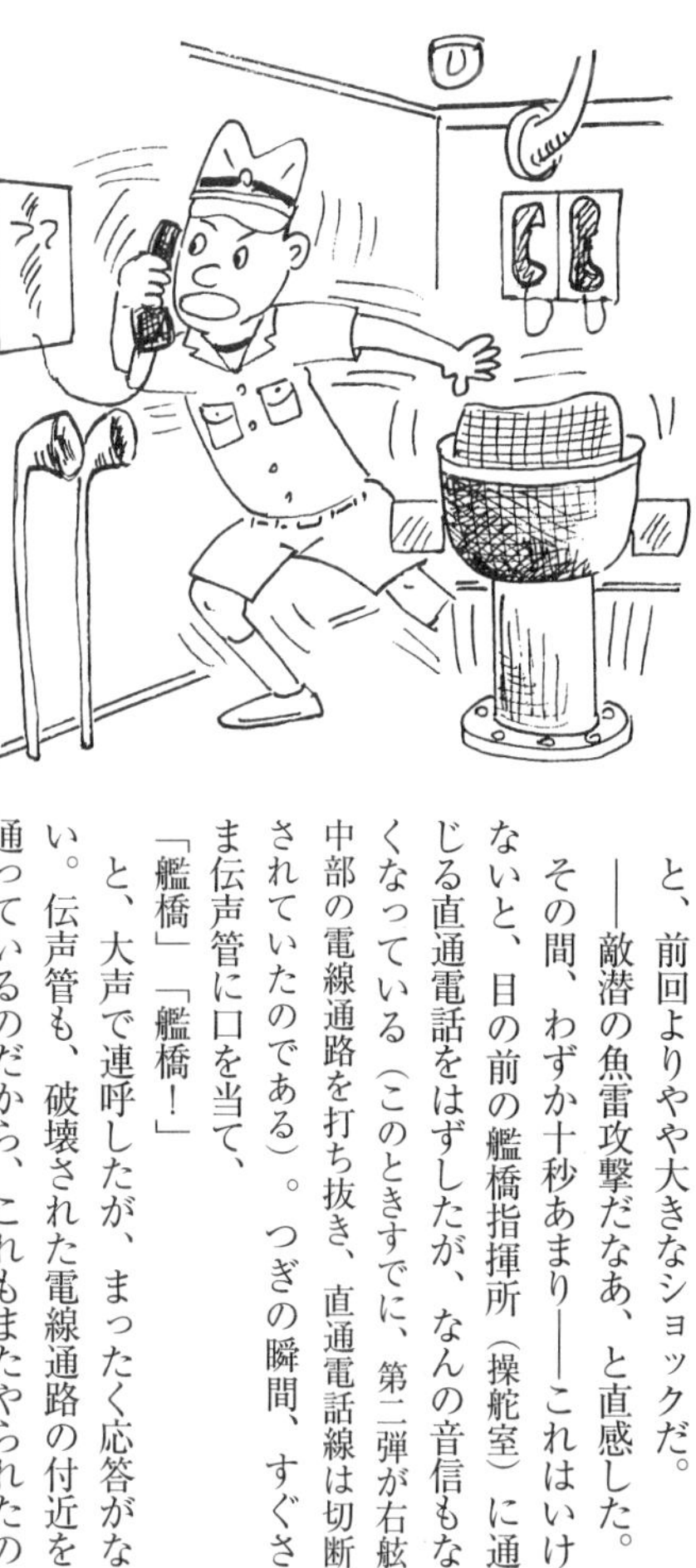

と、前回よりやや大きなショックだ。

――敵潜の魚雷攻撃だなあ、と直感した。

その間、わずか十秒あまり――これはいけないと、目の前の艦橋指揮所（操舵室）に通じる直通電話をはずしたが、なんの音信もなくなっている（このときすでに、第二弾が右舷中部の電線通路を打ち抜き、直通電話線は切断されていたのである）。つぎの瞬間、すぐさま伝声管に口を当て、

「艦橋」「艦橋！」

と、大声で連呼したが、まったく応答がない。伝声管も、破壊された電線通路の付近を通っているのだから、これもまたやられたの

だ。

この二つしか連絡方法はない。

見ると、ジャイロはシーンと静かな音を立てて、正常に運転している。

舵故障で、第二操舵室に切り換えになるのかな……と、入口右側の舵輪に眼をやる。

そこへ、今度は前二回の二倍もの大きなショックだ。

「ズシーン！」と、艦底から突き上げられるような衝撃である。

その瞬間に電灯がプツーンと切れた——モーターが鈍い響きを残して停止する。

これはいかん……と思ったところ、応急用の電源転換装置がパタパタと作動しはじめたが、うまく転換できないようだ。

軍艦では、いつ、どんな被害や事故が起こるかもわからないため、そのときにそなえ、かならず二段構えに安全装置がほどこされている。

まして、軍艦の眼にあたる重要なジャイロが止まってしまっては、走ることはできないし、主砲も魚雷も発射不可能で、正常な戦力はとても発揮できない。

このジャイロの電源には、二つの装置がある。一つは、通常使っている二百二十ボルト交流を直流百ボルトに変えた電源である。これは、艦内の前、後部と中部にある三箇所の発電機によって送られてきている。

もしこれが、故障などで全部使用不能になった場合は、応急用として、電池（バッテリー）による電源で四時間は供給できるようになっている。

そのために、ジャイロ室前面中央に自動転換による切り換え装置がついていて、発電機の故障はもちろんのこと、ある限度を越えて電圧が降下し、兵器の運動に支障をきたすときは、自動的に電池（バッテリー）に切り換えられ、兵器はそのまま支障なく運転され、戦闘航海はスムーズに続行できるようになっている。

すべての電源が切れて、真っ暗になった艦内に、第四発目の魚雷が、後部五番砲塔右舷に命中した――私のいる室のちょうど反対側である。

そのショックたるや、それまでの三発の衝撃の何倍という大きなものである。その震動で、私は後ろの鉄の壁にたたきつけられた。

真っ暗な中で、電源の自動転換装置だけが、「バタバタ」と転換しようとしていたが、この四番目の被害で息の根を止められたように、ピタッと停止してしまった。バッテリー装置も破壊されたのだ。

もはや万事休す。

ジャイロは完全に停止——艦橋への通信装置も一切不通、部屋の中は真っ暗だ。

このままにしていればどうなるか、結果は明らかである。一刻も早く脱出しなければと直感するが、その脱出の前に大きく立ちふさがるのは、総員退去の命令である。命令なくして配置を放棄した場合は、海軍刑法により処罰される。そのように厳しい教育をたたきこまれているのである。

しかし、電話も伝声管も、すべての通信装置が不能となったいま、このまま艦底四階にもなる真っ暗な鉄の棺の中にいれば、このまま艦とともに死ぬしかない。

何分なんて考える余裕などない、まさに一秒を争う緊急事態である——艦が右に傾いてゆくのがわかる、もうすぐ沈むかも知れない。

こんなとき、一人の配置というのはまったく孤独そのものだ。だれに相談することもできない。命令を待っていてもくるわけがない。唯一の救われる道は、直接指揮所に行き、状況を報告して指示を仰ぐことだけである。それだけが生きられるかも知れないただ一つの道であり、五十一年も経った現在でもこのときのことを思い出すと、ゾーッとする——よく生きて出られたものだと。

という間にも、被害箇所の浸水や火災は容赦ない。ザーッと流れ込んでいる海水の音が聞こえてくる。

　隣りの部屋にいる変圧機の二機曹と兵長に、

「オイ、上にあがらないと沈むぞー」

　と、声をかける。

「ハッチ」を一つ開けて、後部管制盤の前に立つ。さすがに電気の総本山だけあって、小さな豆電球が一つ、光っている。懐中電灯なのか、応急用の携帯灯なのかわからないが、かすかに細く開いているハッチの隙間から、赤い光が見えてくる。

　――人の動く気配がする。ここには電気分隊の指揮官である十二分隊長がいるのだ。指揮官がこのようにいるところの兵たちはまだ幸せである。命令によって脱出可能である。そのとおり、この後部管制盤の人たちは、全員、上甲板へ脱出することができた。

　その反面、前部管制盤には指揮官がいない。

　指揮官というのは、各分隊に一人であって、ほかはこの指揮官の命令によって行動することにきめられている。

　通信装置がまったく切られた艦内にあっては、ときによっては、生きのびられるものでも死んでしまうことになりかねない。

　このとき、前部管制盤の人たちは、全員、艦底に閉じ込められ、脱出しようとしたときはすでに、海水の流入のため出られなくなってしまい、ついに、還らぬ人となった。

〝とにかく上甲板へ出てみよう〟

そう決心した私は、三つ目のハッチを開けて、鉄の「角」と「丸」い棒で取り付けられている垂直の梯子(はしご)のような登り口を上がっていった。

いくつ上がったか、真っ暗ではわからない。

ゴツーン、と頭を突き当てた鉄板によって、それがつぎの最下甲板に上がる防御蓋(がい)であるとわかる。この防御蓋は、爆弾に堪えられる厚さ七十ミリ、重さ百キロはゆうに越える大物である。

ただ、開けやすいように、反対側に五十キロぐらいの重い鉄の塊りが、錘(スイ)となって下げてあり、そのバランスで半分(五十キロ)の力で押し上げられるようになっている。

五十キロといっても、暗い梯子階段の途中で、しかも足元が不安定なところでは、思うように力は出せない。それに、ここも固い「ケッチ」で締められている。これを開けるのがひと苦労である。

しかし、なんとか生きのびるためには、ここをまず脱出しなければならない。それこそ、本当に必死だ。一回、二回、三回と押し上げようと頭から肩を当てて、足を不安定な垂直階段に掛けて頑張る。

まさに悪戦苦闘！　やっとのことでこれを押し上げることができた。

身体中が汗と油でびっしょりだ。

下甲板、電気分隊の兵員室に出るハッチを開けて、やっと顔を出す。

海水は、もうリノリュームのはがされた甲板の通路を洗っている。艦もすこしずつ右に傾きつつあるのがわかる——おそらく、二十度ぐらいは傾いているところだ。

下甲板へ出るハッチの中央部分の丸い出口を押し上げて、顔を出す。

ここは黒煙が渦巻いていて、燃えさかる炎が吹き込んでくる。ちょうど、第四発目の魚雷が当たったところで、私のいた後転の反対側である。

もし、それが反対の左舷だったら、いまごろ私は木っ端微塵になっていただろう。

上甲板へ吹き抜ける大きな破孔ができている。その破孔から右舷海上が見えてくる。

それから、なんとか、もう一つ、もう一つ、と防水蓋をくぐり抜けて、やっと上甲板に出ることができた。

「ヒヤー」とする海風が、私の顔をなでてゆく。

つぎはどうなるのだ……ひとまず脱出には成功したが、これからどうなるのかもわからない。よもや沈むなどとは考えたこともないだけに、私のショックは大きい。案外に、もろいもんだなとも感じる。

まず、艦橋へ行かなければならない。

五番砲塔の右舷すぐ後ろに、上甲板まで吹き抜ける大破孔が口を開けている。その破孔から、炎と煙が吹き上げてくる。

上甲板の鉄板は大きくめくれ、その傷口はささくれ立っている。これに足をとられたら大変だ。

防水蓋の止め金の支柱や、ベンチレーターにつかまって、やっと上甲板に立つことができた。

見わたすと、右舷海上を艦隊は航行しているが、「長門」が黒煙を上げて大きく回頭している。「大和」「武蔵」も遙か彼方の海上に見える——大、小の艦が、前方を遠ざかって行く。

まさか、旗艦がこんな姿になるなど考えてもみなかった。対空戦闘で戦ったあとでもあれば考えようもあるが、平常に航行していたものが突然、こんな状態になるとは……そんな考えが、何秒かの間に、私の頭の中を駆けめぐる。

それから、突起物に一つ一つつかまりながら、転ばないように歩き出した。

そのときだ——足を滑らした一人の水兵が、もんどり打って、三十度も傾いた甲板を転げ落ちてきた。

アーッという間に、ささくれ立った破孔の切り口に突き当たり、全身を切られたまま炎と煙の破孔の中に転落していった。

一瞬の出来事だ。

すこしの油断もゆるされない。上甲板まで脱出できたからといって、いつどんな危険と死が迫っているか知れない。

四番砲塔左舷にさしかかったときだ。

応急班八分隊の体の大きい一等兵曹が、四番砲塔左側にある注水弁のハンドルを力いっぱい回そうとしている。

「ちくしょう！　回らないな」

と、独り言(ごと)をいいながら、さらに回そうとしているのだが動かないようだ。

見ると、飛行甲板のレールに止められている水偵が一機、いままさに転落しそうに傾いている。

そうして、左舷厠(かわや)の横を通り、魚雷発射甲板入口にやっとさしかかった。

そのとき、一人の若い水兵が、よろよろしながらかろうじて壁伝いに歩いてくる。

よく見ると、運用科の加部和一兵長ではな

いか。

「加部兵長じゃないか！」

と声をかけると、

「ハイ」

と、気持よい返事が返ってくる。

「どこへ行くんだ」

と言うと、

「注水弁を開けろと言われて、後甲板に行くんです」

と答える。

「オイ、もたもたしていると、沈んでしまうぞ。もうだめだよ」

と言って、魚雷発射管室を艦橋に向かって進む。

十七歳の少年兵・加部和一兵長は、これを最後に「愛宕」とともにパラワン水道深く沈んでゆくことになる。

——このような悲しい運命的な出来事は、あちこちで、数多く起きている。

ここで、前部管制盤の人たちについても触れておかなければならない。

私がちょうど、後部管制盤の前を上り、垂直階段で苦闘しているころであった。前部転輪羅針儀室の大貫一曹のところへ、艦橋操舵室の伝声管から、

「上がれ！」

と、大きな声で指令がきた。

これは、青木兵長の独断であったことがあとでわかったが、適切な判断であった。この青木兵長の判断によって、一人の命を救うことができたのである。

艦橋からの命令をうけた大貫一曹は、この大声の指令を聞き返していた。

「総員退去か！」

と。しかし、青木兵長は、応答しなかった。

大貫一曹が部屋の外に出て上がろうとしたとき、管制盤の前には待機していた七、八名の一団がいた。

その中の一人、先任格の石坂一機曹が、同年兵のよしみで、

「大貫、総員退去出たのか」

と聞いてきた。

その眼は血走っていた――どんなに出たくても、命令の出ないうちは絶対に出ることはできない。

自分には命令が来たが、総員退去が出たという正式命令をうけていない大貫一曹とすれば、

出たとは言えない――といって、出ないとも言えない。実際はわからないのだ。つい、言葉がつまってしまう。

「うーん、おれたちだけでの連絡かな」

と、思わず呟いてしまった。

石坂はがっかりしたように、うつむいていた。このひと言で、石坂一機曹ら七名の人たちは、一瞬の差で流れ込んで来た海水によって、出られなくなってしまう。

このようにして、ついに艦と運命をともにすることになる。

運命というべきであろうが、ほんの一瞬の差が、人の生死を分ける。それが戦争というものなのだ。

このように数々の悲劇のあと、撃沈された「愛宕」の乗組員の生存者は、「岸波」と「朝霜」に救助された。

そして、司令部とともに「岸波」から「大和」に移乗した私たちは、レイテに向かって進撃をつづけるのであるが、その前途にはいくつもの危機が待ち構えている。

## 連合艦隊の誤算

ブルネイを出撃した第三部隊（西村部隊）は、湾口付近のアメリカ潜水艦を避けるために、大きく西方に迂回航路をとり、パラパック海峡に向かった。

その後、西村部隊は、敵潜水艦に遭遇することもなく、二十三日十時二十分には、平穏裡にパラパック海峡を通過してスルー海に入った。

このすこし前、主隊の栗田艦隊は、パラワン水道を北上中、敵潜の雷撃をうけて、重巡二隻が沈没、一隻大破の被害をうけた。

このとき、旗艦「愛宕」が撃沈され、司令部は「岸波」に救助されるという大混乱に陥っていた。

十月二十四日〇二〇〇、「最上」は、レイテ湾の敵情偵察のため、水偵一機を発進した。

その「最上」機は、〇六五〇、レイテ湾上空に達し、湾内に戦艦四隻、巡洋艦二隻、駆逐艦二隻、輸送船八十隻、ドラッグ南方約二十カイリに、飛行艇十五機、水上機母艦一隻、さらに、南方二十カイリに、魚雷艇十四隻、駆逐艦四隻を発見した。

「最上」機は、レイテ湾偵察後、西村部隊の上空に引き返し、一二〇〇、「最上」と「山城」に報告球を投下したあと、サンホセ基地へと向かった。

しかし、二十四日朝、実際にレイテ湾にあったアメリカ艦隊の勢力は、戦艦六隻、巡洋艦六隻、駆逐艦三十隻以上という強力なものであったという。

ここで残念なことは、もし、栗田艦隊の本隊がレイテ湾に直行し、先手必勝でこの大艦隊と大船団にたいし、四十六センチの巨砲を射ち込んでいたら……と、悔やまれてくる。

海戦は、戦場にいかに早く着くか――そこに先手必勝の極意があるのに、それが忘れられていたように思える。

出を迎えた。

西村部隊は、〇六〇〇ごろ、針路を北東に転じ、スルー海の中央を進撃、二十四日の日

その後、三時間あまり、平穏な進撃を続行した。

〇八五五、上空にアメリカの小型機が触接しているのを発見した。

これは敵の常套(じょうとう)の手段であるが、来襲機は逐次数を増し、三十分後には三十機ちかくになった。

西村部隊は、〇九三〇ごろから、対空戦闘を開始したが、〇九四〇ごろから、米軍機が一斉に急降下爆撃にうつった。

まず、「扶桑」が、艦尾に命中弾一発をうけ、搭載水偵二機が炎上した。

「最上」は、飛行甲板に銃撃を受け、死傷者八名をだした。

「時雨」も一番砲塔に直撃弾をうけたが、この爆弾は、天蓋を貫いて爆発し、十一名の死傷者をだしたが、残る後部十二・七センチ砲の使用には支障をきたさなかった。

こうして、敵機の攻撃は数分で終わった。

その後、なにごともなく、約一時間が経過した。

一一〇五、西村司令官は、栗田長官あてに、

「〇九四五、敵機撃退、撃墜三機、至近弾数発ヲ受ケルモ被害軽少、戦闘力発揮ニ支障ナシ」

と打電した。

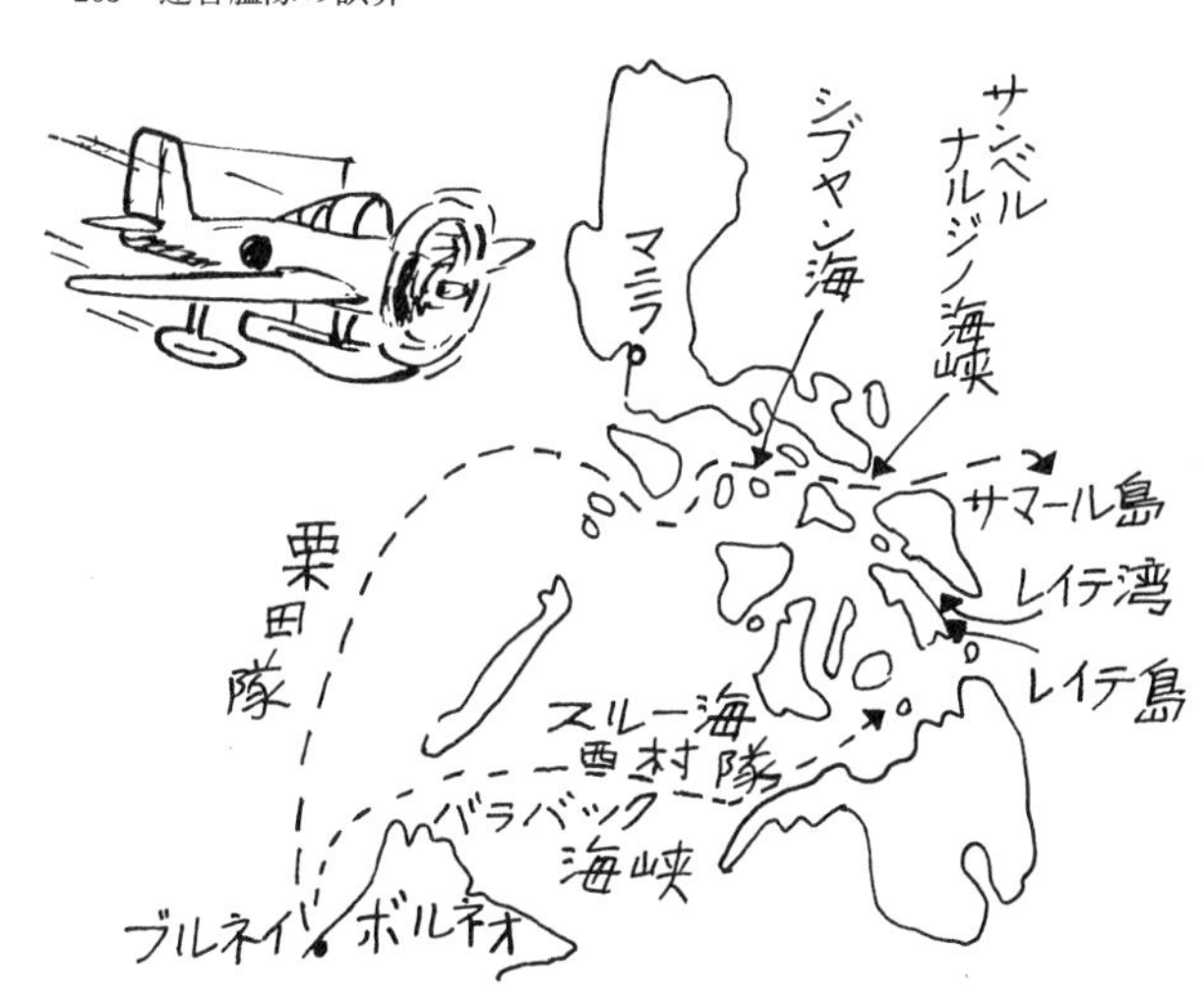


そして、麾下全艦に信号を送って、

「皇国ノ興廃ハ、本決戦ニ在リ、各員一層奮励、皇恩ノ無窮ニ報イ奉ランコトヲ期セ」

と、訓示した。

このころ、主隊は、シブヤン海で敵機の空襲をうけ、苦戦を強いられていた。

しかし、西村部隊にたいする空襲は、この一回だけで止んでいた。

来襲したこのときのアメリカ機は、南部サマール島沖約六十カイリにあった、ハルゼー大将麾下のデーヴィソン少将隊所属の飛行機であった。

西村部隊上空への飛来と空爆が一回だけで止んだのは、敵が栗田艦隊に攻撃を向けていたからであった。

栗田長官のきめた計画では、西村部隊は、サマール島東方海上を南下してくる主隊と、南北呼応して、二十五日黎明時に、スリガオ海からレイテ湾に突入すべく予定されていた。

その意味では、西村艦隊は予定どおり進行してきたわけである。

ところが、主隊である栗田艦隊は、そのころ、まだサンベルナルジノ海峡西方百カイリのシブヤン海の中程にあり、第三次空襲の最中で、「大和」は被弾、「武蔵」もまた被弾を増やして落伍しはじめていた。

戦争というものは、こちらの予定どおりにはいかない——そういうことは当たり前のことではあるが、この作戦には、大きな誤算があった。

まず、敵上陸部隊の群がるレイテ湾に、最短コースをとって突入するのは、主隊である栗田艦隊でなければならなかった。

遠回りして迂回している間に、敵はほとんど上陸を完了することになる。

このあたりに、海軍の舵とりに大きな誤算があったといえる。

## 栗田艦隊旗艦「大和」へ

栗田艦隊が、レイテ湾突入を目前にして反転したことについては、さまざまな意見と憶測がいまでも流れている。憶測は憶測、すべて想像の域を出るものではない。

しかし、栗田健男長官は、ついにその真相を語らなかったという。最後の決断をした栗田健男氏亡きあとは、その真相を知り得るものはいない。

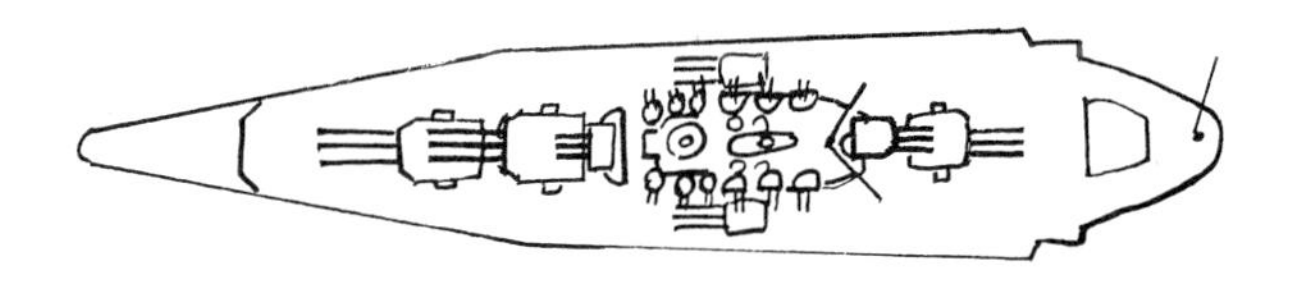

戦艦「大和」

あるとすれば、あの反転の場面で長官の身近にいた参謀など、わずかな人たちか、あるいは、そのとき「大和」に乗り組んでいた人たちであるといえる。

さらに枠を広げても、あのとき、栗田艦隊でともに戦った戦場の場面に現実にいた人たちの想像だけであろう。

そもそも、栗田艦隊のレイテ突入を決定した時点で、あの水上艦隊の主力を指揮する艦隊旗艦を、「大和」か「武蔵」にしなかったところに問題がある。栗田艦隊司令部からは、再度、旗艦を「大和」にするよう希望を要請していたという。

しかし、連合艦隊司令部からは、許可も同意も得られなかったと、当時、艦隊内では囁かれていた。

もし、「大和」が最初から旗艦であったとしたら、おそらく、旗艦が途中で撃沈される場面はなかったであろう。たとえ、被雷したとしても軽微ですんだであろうし、作戦に影響はなかったことであろう。

　日本海軍の歴史からいっても、本来ならば、連合艦隊司令部が「大和」に乗って最前線で指揮をとるべきで、遠く陸上にのぼり、日吉の地下壕内という安全地帯での総指揮では、とうてい、第一線の厳しい変化する戦況の把握は充分とは言いにくい。

　かつて日本海海戦で、連合艦隊司令長官東郷平八郎大将は、みずから旗艦「三笠」に座乗して、死を覚悟で戦ったからこそ、あの大勝利につながったのである。

　太平洋戦争中のただ一回だけの艦隊決戦に、連合艦隊司令長官がどうして先頭に立ち、旗艦にみずから座乗して総指揮をとらなかったのか、不思議に思えてならない。

　レイテ沖海戦では、決戦場に臨む前に、旗艦である一等巡洋艦「愛宕」が敵潜の魚雷攻撃によって撃沈され、司令部を「大和」に移すことになった。

　これは大きな打撃で、これが栗田長官以下首脳部にあたえた精神的ショックは非常に大きかった。

　こうして、「大和」の艦橋には、艦隊司令部と第一戦隊司令部の二つが同居する形になったのである。

　いかに広い「大和」の艦橋とはいえ、これはまことに不自然な形である。

　第一戦隊は、もともと、「大和」「武蔵」「長門」の三隻で編成され、「大和」はその旗艦なのだ。

司令官は、宇垣纏中将である。

この宇垣中将は、かつて山本五十六大将のもとで連合艦隊参謀長をつとめ、山本大将戦死のときにも同行している。

すなわち、一式陸攻二機にそれぞれ分乗（一番機に山本長官、二番機に宇垣参謀長）して前線視察中、ブーゲンビル島ブイン上空で敵機ロッキードP38戦闘機の待ち伏せによって山本五十六長官機が撃墜されたとき、二番機は不時着して助かった際の生き残りである。 

また、宇垣中将は、天皇の命令により戦う、という厳しい精神の持ち主であったと言われていた。しかし、天皇の終戦の詔勅があったあとに、特攻として部下二十二名とともに出撃している。

私は、ある戦友会で、

「天皇の命によって戦った者は、天皇がやめろと言ったらやめるべきで、終戦になったあと、あえて部下を連れ特攻出撃するとは、部下まで死の道連れにするものである……」

と言って慨嘆した、生き残りの兵士の悲痛な声を聞かされたことがある。

若干、横道にそれたが、明確にしたいことは、第一戦隊の旗艦は「大和」であり、司令官は宇垣中将である。したがって、第一戦隊の指揮は、司令官たる宇垣中将がとるべきである。

そこへ、第二艦隊司令部、つまり、レイテ突入の総指揮官たる栗田長官以下の司令部が、その旗艦「愛宕」が撃沈されたため、移乗してきたのである。

栗田中将（海兵三十八期）は、宇垣中将（同四十期）より二期上、つまり、兵学校では、一号と三号という関係である。

GF（連合艦隊）参謀長以来、不屈をもって鳴る宇垣中将は、かつての上級生が参謀を引き連れて、おなじ「大和」の艦橋に乗り込んで来たのを、苦々しげに眺めたという。

いかに応急の場合とはいえ、一つの軍艦に、司令長官と司令官との二人が同時に乗るということは、海軍の歴史上もかつてなかったことである。通常は、司令長官が直率していたのである。

もともと宇垣中将も、レイテ突入の主力である第一遊撃部隊の旗艦を、重巡「愛宕」にきめたことに不満をもっていたという。前記のとおり、栗田艦隊司令部も、「大和」に旗艦を移すことを連合艦隊司令部に要請していた。

　この時点では、第一線の指揮官二人の意見は、一致していたわけである。

　それがなぜ、最初から「大和」を旗艦にしなかったのか、そこに日本海軍のアキレス腱があったとも言える。

　しかし、また、べつの見方もあり、人の胸中は察しにくい。

　そのべつの見方とは、あくまでも想像の域を出ないが、なぜ重巡などで指揮をとるのか――「大和」に乗ると、巨大な戦艦が旗艦ということで将旗を掲げることになり、これが主目標となって攻撃が集中し、やられるのが恐いという、うがった見方であったとか……。

　しかし、だれが考えても、司令部は不沈艦と称された「大和」「武蔵」が良いと思う。

　一般兵士でも、「大和」にいれば絶対に沈まないという安心感がむしろあった。著者自身も、「大和」に移乗したとき、冷房の利いた艦内を歩いてみて、海がかなり波の高い日であったにもかかわらず、びくともしない動きに、巡洋艦にくらべると、まさに陸上に上がったというような感じで、これで助かった、安心だと思ったものである。

　もう一つ、栗田中将は開戦以来、バタビア沖およびミッドウェーで、七戦隊（「熊野」「鈴谷」「最上」「三隈」）を率いて海戦に参加しているが、二度とも、突入するのを躊躇したという風評が秘かに囁かれていたと言う。

　また、あ号作戦でも、サイパン突入直前に反転し、突入を中止した――このときは、著者

も「愛宕」に乗っていたので、突入中止が連合艦隊司令長官よりの指令であったことを聞いている。

ことほどさように、戦争の実相は難しく、あとになってはますます難しくなってくる。負けは他人に、勝ちは自分に……という自己中心主義が、作戦の判断を誤らせる場合が多い。

現在の社会でも、なんら変わっていない。経済、政治、国際問題、スーパー三〇一条という日・米貿易摩擦にしても、その傾向は歴然としてある。地球号の舵取りは、複雑化してますます難しくなってくる。

まして戦争というものは、だれもが正しく現況を知ってこそ、悲劇を免(まぬか)れる判断が可能なのである。

その一つの現われが戦況の報告、戦果の発表である。戦略は密なるをもって良しとしても、誇大戦果だけで真相を知らせないと、国民の判断を誤らせるのだ。

## 操舵と舵機と舵の追随

軍艦の操舵は、艦橋操舵室で舵輪を回して舵をとると、艦尾の舵取機械が作動し、艦底後部の海中に取り付けてある舵が動いて、艦の方向を変える。

　これは、自動車がハンドルを回して前輪の方向を変えて運転することと、理論的にはおなじであるが、自動車は、前輪の部分が回頭することによって方向転換するのにたいし、軍艦（船）は、舵が後ろについているので、艦尾を動かすことによって方向を変える。

　その舵の角度を変化させ、艦尾を左、右に振ることによって方向を変え、航行する。これを、転舵、回頭、変針するという——つまり、自動車をバックさせるようだと思えばよい。その舵を、直接動かすのが、舵取機械

（舵機）である。

軍艦では、通常航海と戦闘航海とでは、走る速度が違ってくる。

通常、搭載燃料をもっとも有効に使って、より長い距離を航海する速力を経済速力と言い、おおむね十二ノット（時速二十二・二キロ）～十四ノット（時速二十五・九キロ）で走行する。一般の商船などは、ほとんどこの経済速力で航行している。

軍艦は、戦闘やとくに警戒を必要とする海面、または、緊急事態を予測する航海などでは、これらにそなえて、あらかじめ、高速待機の運転をする。

たとえば、「第一戦速即時待機」、あるいは「一時間待機」といったように、あらかじめ、時間をきめて機関を準備運転している。この場合は、舵取機械はおおむね、全力運転である。

通常の出入港時などの低速（半速、微速）航行をのぞいて、前進原速から最大戦速までの速力区分がある。

軍艦の種類によっても異なるが、もっとも速力の早い航空母艦、巡洋艦、駆逐艦などは、最大戦速三十五ノット（時速六十四・八キロ）の高速航行が可能である。

「大和」「武蔵」などの超大型戦艦は、二十七ノット（時速五十キロ）であり、「長門」は二十五ノット（時速四十六・三キロ）であった。

高速戦艦の「金剛」「榛名」などは、三十ノット（時速五十五・六キロ）の高速航行が可能である。

航空母艦では、当時、世界最高水準といわれていた新型航空母艦「翔鶴」「瑞鶴」は、十六万馬力の最高出力を持ち、三十四ノット（時速六十三キロ）の航行が可能であった。

日本海軍で竣工された正規空母の数は、十三隻であった。「信濃」の二十七ノットをのぞき、おしなべて、三十二ノットから三十五ノットは出せる出力を持っていた。

ここに、低速の戦艦との間に航行速力の差が生じ、そのために、高速の空母と戦艦との同一行動は困難であった。

ハワイ奇襲にはじまった機動部隊を編成するなかで、空母を直接護衛する水上艦隊にあって、「大和」「武蔵」「長門」などは、強大な戦力を持ちながら、低速のため機動部隊の直衛は困難で、むしろ足手まとい的存在ですらあった。

というのは、この戦艦に速力を合わせるためには、二十七ノット以下に速力を落とさなければならないからである。

いざ飛行機発進となれば、三十四ノットの高速を出さなければ、空母としての役目は充分に果たせない。この戦艦と空母との速力の差が作戦上の障害となり、「大和」「武蔵」「長門」という第一戦隊の主力部隊が、機動部隊の編成にくわわらないもっとも大きな理由がそこにあった。

もともと、「大和」「武蔵」などの戦艦は、海戦による砲撃戦にそなえて建造された軍艦であるから、その使用目的には最初から区分がつけられていた。ひと言（こと）でいえば、大艦巨砲と空母とは、根本から使用目的が違っていたというわけである。

このように、戦艦は、いざ飛行機発進となれば三十四ノットの高速で走る空母にはついて

行けない。敵艦隊を前にして、空母について直衛できるのは、巡洋艦、駆逐艦、高速戦艦までである。

連合艦隊のほとんどを投入して決戦に臨んだ「マリアナ沖海戦」（あ号作戦）の部隊編成をみれば、よくわかる。

「大鳳」「翔鶴」「瑞鶴」など主力正規空母に編成されている小沢治三郎中将率いる本隊（甲部隊）には、「大和」「武蔵」の主力戦艦はふくまれていなかった。それは、この第一戦隊は速力が遅いため、「翔鶴」「瑞鶴」など高速空母とは同一行動が不可能であったからだ。

このような理由で、第一戦隊は、改造空母「千代田」「千歳」「瑞鳳」の三隻がいる部隊、すなわち栗田中将率いる前衛部隊にくわわっていたのである。

「長門」にしても、本隊に所属はしたが、改造空母「隼鷹」「飛鷹」「龍鳳」の「乙部隊」であった。

航行中の操舵の角度にしても、高速艦は二十度であるのにたいし、戦艦は十五度と開きがあり、一斉回頭の場合などにも、その敏捷度に差が出てくる。

以上のように、いくつかの面で、大型戦艦は機動部隊の編成には、しっくりいかなかったのである。

こうして、編隊を組んで進む艦隊にあっては、舵の役目はきわめて重要である。「大和」は、舵をとってから一分四十秒もしなければ回頭をはじめない（舵が利きださない）などといわれていたが、そんな話がもっともらしく出てくるのは、舵取機械の運転状況によって舵の反応に差が出てくるからである。

この〝舵の利き〟については、実際に舵輪を握っている者でなければわからない。理論的には理解できても、実感が湧いてこない——艦の動きと一体になり、舵を握る者でなければわからない回頭の手応えである。そこに、現実との解釈の違いが出てくる。
軍艦（船）の舵は、走行速度に比例して舵の利き方は変わってくる。たとえば、十二ノットで走るのと、三十ノットで走るのとでは

違ってくる。高速のほうが、舵の利きは早い。

重巡にたとえれば、重巡には二台の舵取機械がある（ちなみに、「大和」は六台）が、通常の航海の場合は一台（「大和」では三台）を運転している。戦闘航海か狭水道通過、敵潜出没の予想される海面などでは、あらかじめ二台の全力運転を行ない、即応態勢にそなえている。

では、一台と二台（全力）の運転では、どのように違うかということである。

重巡の舵機は、通常航海では一台だけ運転していれば、まったく航海にさしつかえない。ただ、一台では、舵機の力が五十パーセントと弱いから、舵を回転する速度が遅れるわけである。このことは、一人で車を押すより、二人で押すほうが、早く力強く動くというのとおなじである。

この舵の動きを、ひと目で見ればわかるように表示されるのが、操舵室の舵輪を握る操舵員の前面、もっとも見やすいところ、従羅針儀とともに並んで取り付けてある計器で、これは、意味は異なるが、主砲の方位盤と砲塔の指針のように、二本の針が重なって取り付けてあり、それは、円形の上部中心点を零として、左右にそれぞれ三十五度に等分されている。

舵を右に回せば右に動き、左に回せば左に動く。

下側が元針で、操舵員が舵輪を回した舵の角度を表示し、上側が、舵取り機械が作動して実際に海中の舵が動いた角度である。

まず、操舵員が舵輪を回すと、下の元針が作動し、舵角がとられる。これにより舵機が作

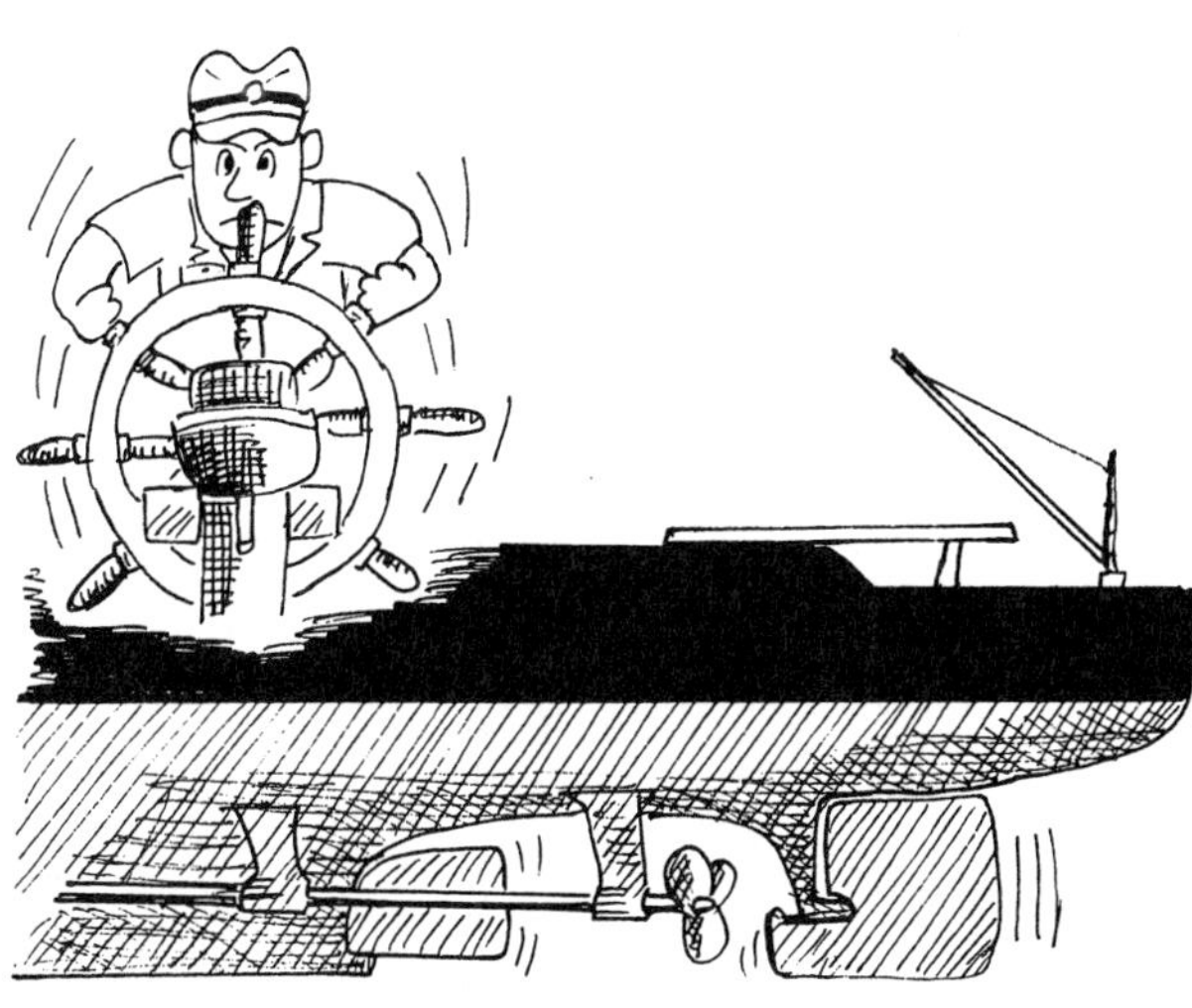

動して舵は動き、上側の針が追随するという仕組みになっている。

　そこで、一台と二台の運転の違いが出てくる。

　一台運転の場合は、舵輪を回し、元針が回頭を開始してから一秒ないし二秒ぐらいしないと、追随する指針は動きはじめない。つまり、親針に追従するまでに、一秒ないし二秒ぐらいある――これが、いわゆる「ロス」となるわけだ。

　ところが、二台（「大和」であれば六台）の全力運転であれば、即刻、追随してくる。追随速度も敏感で、操舵員が舵輪を回すと、それとほとんど同時に、舵は追随してくる。

　このことは、艦橋操舵室で舵輪を握っているとよくわかる。全力運転のときは、舵角の指針がほとんど同時に、気持良いようにすいすいと追随してくる。

このように、舵輪を回してから、軍艦が実際に回頭するまでの、ほんのわずか一秒あまりの差——それが舵の利き方が遅いということなのである。

しかし、それも、戦闘などで、舵機が全力運転では、そのロスはほとんどない。「大和」の舵機が多いのは、主舵、副舵（補助舵）と、二つの舵があるからであり、主舵に四台、副舵に二台となっている。そして、主舵、副舵の二つの舵のある「大和」「武蔵」などは、舵角表示の指針も別になっている。

それに、舵機が複数に分かれているのは、故障などの場合に、一台が動かなくなっても、ほかの一台が動いているという、危険にそなえた安全装置でもあった。

一方、巡航速度などの通常航海では、一台ずつ交互に運転することにより、無駄なエネルギーの消費を押さえ、舵機の消耗をすくなくする利点も重要であった。

## 「武蔵」の最後と「大和」の激闘

「大和」と「武蔵」が生死を分けたシブヤン海の対空戦闘は、操艦に重大な分かれ目があったといわれる。

ブルネイを出撃した栗田艦隊が、レイテ突入の前日、ミンドロ島の南を迂回して、シブヤン海にさしかかったのは、昭和十九年十月二十四日早朝（〇六三〇）である。

油を流したような静かな海面を切り裂くようにして進む栗田艦隊、その中心が「大和」、右後方を「武蔵」が、左後方を「長門」がつづく。

この「大和」を中心に第一部隊は、これを囲むように巡洋艦、駆逐艦と輪を広げた三重の輪形陣十四隻で、東に向かって航行している。

この後につづくのは、「金剛」を中心とした第二部隊の輪形陣十三隻——静かな海を前進強速（十八ノット）で航進するこの虎の子の連合艦隊主力二十七隻は、絵に描いたような素晴らしい光景で、静かなシブヤン海を東進している。

目前に迫った敵機グラマンの攻撃など、どこか別の世界の出来事にしか思えない。

まことに、夢の中にひたっているような光景であり、まさに、嵐の前の静けさとはこのことを言うのであろう。

この整然として航行する栗田艦隊の上空に、敵のグラマン四十五機の編隊が襲いかかってきたのは、午前十時二十六分（一〇二六）、「大和」の砲撃開始につづいて、対空戦闘は開始された。

海上には水柱が林立し、一瞬にして、すさ

まじい対空戦闘の修羅場と化す。

かつての軍艦同士の海戦とは違って、飛行機との戦いは、操艦の手腕によって艦の運命が大きく左右される。

七万五千トンの巨体を軽快に左右に操舵して、敵機の爆撃や雷撃をかわさなければならない――「大和」「武蔵」といえども、この攻防は避けて通れない重大な戦闘なのだ。

「大和」「武蔵」は、舵をとってから、一分四十秒もたたないと舵は利きださない――ということを、何かで見たことがあるが、そんなに舵の利きが遅かったら、たちまち撃沈されてしまう。

軍艦（船もおなじ）の舵は、艦の大・小や速度により、舵の利きの早さに差はあるが、巨艦になればそれ相応に大きな舵をそなえているし、これを動かす舵取機械と原動力もそれなりに大きい。

「大和」「武蔵」には、大きな主舵と小さな副舵（補助舵）が、前後直列に取り付けてあり、主舵故障の場合は、副舵（補助舵）だけでも操艦できた。

この主舵、副舵の仕組みは、空母「翔鶴」「瑞鶴」から取り付けられていた。「大鳳」もそうである。

十五万馬力の原動力で走行する「大和」「武蔵」の舵は、巨大なものである。

これを動かす舵取機械も、主舵に四台、副舵に二台、合計六台も取り付けられていて、戦闘航海では全力運転が行なわれる。

艦橋操舵室（「大和」「武蔵」など戦艦にあっては司令塔）の舵輪を回せば、一瞬にして舵は利きだす。

たとえば、全速で航行中、「面（取）舵一杯」という艦長の命令で、操舵員長が舵輪を風車のように回し、「面（取）舵三十五度」と報告するときは、舵角を示す操舵室前面の舵角指針は、ほとんど同時に追随して三十五度を指している。

舵機全力運転であれば、舵輪の回転速度をしめす元針に重なって動いている舵の指針も、すぐ追随してくる——したがって、艦は同時に回頭を開始する。

そうでなければ、急降下してきて投下する敵機の爆弾や魚雷を回避することなどできない。また、対空戦闘の修羅場とか、敵の潜水艦の魚雷攻撃とかの最中には、他艦との接触や衝突にも注意しなければならない。

実戦というものは、それほどに難しいものであり、操舵にごまかしはきかない。ひとつ間違えば、軍艦を沈没させてしまう危険と隣り合わせている、一秒を争う緊急かつ重要な動作である。

ミッドウェー海戦で、敵潜の出現にあわてて転舵した重巡「三隈」が、僚艦「最上」と衝突して損傷、「最上」も大破した。このように、敵潜の攻撃は避けられたとしても、味方同士が衝突して損傷などしてはまったく意味がない。そこが舵取りの難しいところである。

太平洋戦争を中心に五年間あまり、舵取り一筋に戦ってきた経験からいって、戦闘中の舵取りほど難しいものはない。一つ間違えば、地獄行きである。

戦闘中の舵取り——そのとき握りしめている舵輪に伝わってくる舵の感触は、五十年以上たったいまでも忘れない。それは、どんな狭水道の通過や、出入港のときの舵取りより難しい。

たとえば、二十二ノットで走行中（対空戦闘では、だいたいこのくらいで走る）に敵機の空襲をうけると、これはまず、正面に向かって敵機と対決する。

敵機はこちらの速力を測定して前方に接近し、急降下してくる。約一千メートルぐらいになると、さらに急降下して爆弾を投下する。

ときには、二段構えで爆弾を投下する場合もある。いったん急降下し、水平飛行をほんのすこしやってから、二度目の急降下をして爆弾を投下する。

このようにして、だいたい、五百メートルから七百メートルの上空で爆弾を切って落とすのであるが、この爆弾は、約六十度ぐらいの角度で、こちらに向かって落下してくる。

この爆弾投下の瞬間を見さだめ、確かめ、「面（取）舵一杯」に転舵して、それをかわすわけである。

艦がそのまま直進すれば、この爆弾はもろに、あっという間に命中してしまう。一分四十秒も舵が利きださなかったとしたらどういうことになるか、言うまでもないが、まともに爆弾は命中し、艦は致命傷を負うことになる。

魚雷を切って離す間隔は、爆弾とほぼおなじであるが、雷撃機は、急降下爆撃機と呼応するように、水平飛行で水面すれすれにやってくる。

左、右前方四十五度、五百から七百メートルぐらいに接近して投下する。

投下と同時に、魚雷の内部構造は作動を開始し、水平のまま海中へザブーンと突入、水深三から五メートルぐらいの海中を、七十ノットぐらいの早さで、「イルカ」のように上・下運動を繰り返しながら艦に向かって突進してくる。

魚雷は、急降下や、あまり上空から投下すると、海中に入りすぎて予定のコースに入りにくい。内部に組み込まれた「ジャイロ」などの精密機器に影響するからである。

水平爆撃機や雷撃機は、急降下しないかわりに、かなり低空で迫ってくる。

また、B17、B24などの大型機は、二千メートルから四千メートルという上空からの爆撃である。

第二次世界大戦中のアメリカ大型機の照

準器は、きわめて性能が良かったと言われていた。それが証拠には、撃墜された大型機の爆撃照準器は、かならず破壊されるようになっていた。

この大型爆撃機の空爆の場合も、爆弾投下を確認してから転舵し、これをかわす。

では、太平洋戦争中、最大の対空戦闘で撃沈された「武蔵」と、生きのびた「大和」、この両艦の対空戦闘の模様を、昭和十九年十月二十四日のシブヤン海戦の現場面で再現してみよう。

これは、シブヤン海戦で生きのびた「大和」の艦橋から目撃した、敵機グラマンと栗田艦隊の転舵による激しい攻防の貴重な実戦記録である。

敵の偵察機B24三機が、はるか水平線上の上空に姿を現わしてから約二時間――ようやく、東の水平線に敵機グラマンの編隊が豆粒のように見えてきた。

急速に近づくグラマンの編隊に向かって、主砲の各個射撃がはじまるが、ほんの二、三発だ。

どだい、上空の大編隊でもないかぎり、主砲が飛行機を射っても、効率は非常に悪い。

レイテ海戦のように、艦上機の来襲との戦いは、水平線上にその姿を発見してから、五百キロ近いスピードで急接近して来る敵機に向かって、秒速七百八十メートルの「大和」や「武蔵」の砲撃が時限信管で命中させようとしても、奇跡ででもなければ不可能である。たとえ、百分の一秒くるったとしても、命中はしない。

それに、敵機もこのころでは対空戦闘に馴れて、大きな編隊などを組んで、艦隊の上空に接近しなくなっていた。

　これは、どの戦艦や巡洋艦でもおなじことであるが、一応、水平線上から接近して来る敵機に向かって照準をさだめ、砲身は上下左右に旋回はしているが、そうやすやすと、効率の悪い発射はしない。

「あ号作戦」のときは、一度だけ好機をとらえ、「大和」の主砲が三式弾を発射し、敵機三機がバラバラになって落下したことがある。

「大和」「武蔵」のこの三式弾は、内部に九百コあまりの「カク」が内臓され、これが時限信管により、直径五百メートルの花火状になって爆発する。

　しかし、「大和」「武蔵」にかぎらず、戦艦の主砲は、対空戦闘には時代遅れの無用の長物化していた。

　シブヤン海からはじまった敵機の来襲は、水平線のはるか彼方から分散し、二機から四機、多くてもせいぜい五、六機で、個々に接近してくる。

　高角砲も、上空に接近してこないとなかなか射ちにくい。

　なんといっても、上空に殺到するグラマンなどの小型機にたいしては、二十五ミリ、十

三ミリなどの機銃がもっとも有効であった。

B29やB24などのような大型機で、四千メートルから五千メートルもの上空を編隊を組んで飛ぶ場合であれば、主砲の三式弾の効果は抜群であるが、編隊を組まない小型機には、十二・七センチ高角砲や、二十五ミリ機銃がもっとも有効であった。

それほどに、対空戦闘の兵器の使い分けは難しい。

「大和」「武蔵」の四十六センチ主砲は、一門につき百発の砲弾を積んでいる。つまり、九門で九百発ということだ——砲身の寿命、すなわち砲齢だが、何発射ったら砲身を替えなければならないかというと、二百発である。

積んでいるこの百発を対空戦闘で使ってしまうと、敵の艦隊との砲撃のときにはなくなってしまう。

第一次攻撃のグラマン四十五機は、栗田艦隊の上空に殺到してきた。

一瞬にして、先ほどまでの静かなシブヤン海は修羅場となる。虚々実々の駆け引きで、敵味方の攻防が繰りひろげられる。

射ち上げられる高角砲の炸裂する弾幕で、上空は真っ黒になり、機銃の曳光弾は天に向かって、赤い線を曳いて走る。それは、最高の花火大会を見上げているような光景ともいえる。

こうして、敵のグラマン群は、「大和」と「武蔵」という大型艦にまず目標をさだめる。やはり、獲物は大きいほうがいいのであろうし、攻撃の手応えもあるのであろうか——この大型の戦艦に集中してくる。

この第一次空襲では、「武蔵」と「妙高」に被害があった。

「妙高」は、右舷中部が大破浸水――右舷に傾き、速力は落ち、落伍してしまう。

そのすぐ横を、「大和」が通過する。眼の前で黒煙を上げて炎上する「妙高」では、必死の消火作業をつづけている。

一方、「武蔵」はまったく速力も落ちず、「大和」の後方につづいて航行している。

「大和」には被害もなく、第一次空襲は終了したかにみえた。

そのときだ――「大和」の右舷後方から、後部マストすれすれに、グラマン一機が左舷上空へと飛び抜けた。一瞬、気の抜けた瞬間であった。

さすがの操艦の名人・森下信衛「大和」艦長も、これには転舵の指令を出す間もなく、グラマンは飛びすぎざまに爆弾一発を投下していった。

それは、幸いにも、左舷煙突横二十メートルぐらいのところの海上に落下した――大きな水柱を吹き上げる。それは、「大和」艦橋の一倍半ぐらいの高さに達し、「大和」の巨体が上下にガクガクッと大きく揺れる。

思わず尻餅をつくほどの衝撃だ。

しかし、「大和」には、まったく被害はなかった。

その「大和」の被害は、第二次空襲のときに起こった。

左舷前部艦橋の前方、一番砲塔前左舷付近の水線下に魚雷が命中――炎と噴煙を吹き上げる。

中甲板の破孔は、それを通して海上を航行している駆逐艦が望見できるほどの大きさであるが、「大和」は平然として走っている。巨大戦艦の面目躍如たるものである。
第二次攻撃は約八分で終わったが、その攻撃は「武蔵」に集中した。その「武蔵」は、「大和」の右後方を堂々と航行している。「長門」もまた、左後方を変わらない速度で進んでいる。
すかさず、陣形は元の対空戦闘前の円陣形にもどり、正々堂々とした航進にうつる。「武蔵」の死闘の山場（やまば）は、つぎの第三次空襲にやって来た。予想もしなかった不沈戦艦「武蔵」の激闘が、これからはじまろうとしている。
第二次対空戦闘が終わってから、第三次攻撃隊が来襲するまで約一時間——死傷者の収容や破損箇所の応急処置、上甲板に散乱している高角砲や機銃の薬莢の後片付けをしながら、艦隊はふたたび東に向かう。速力は、十八ノットに落として進んでいる。

一三三一（午後一時三十一分）、第三次対空戦闘の火蓋が切られる。

「武蔵」はさらに被害を累加――「武蔵」を襲った敵機は、第一波が十三機、第二波は約二十機であった。

この第三次空襲では、「武蔵」の前部から猛烈な水柱が吹き上げる。その高さは一千メートルをこえるかという大水柱であった。

この水柱を何人の人が目撃したであろうか。よほどの好位置にいないと、その全貌がわからないほどの高さで、その先端は、青空にとどくような巨大なものであった。

もちろん、「武蔵」の乗組員たちは、炎と水柱につつまれて見えないはずである。

その巨大な水柱の山は、しばらく蜃気楼のように青空に突っ立ったままで、崩れようとしなかった。

やがて、しばらくして、スローモーションの映像のように、頂上から静かに崩れ、落下しはじめる。

この大爆発の衝撃で、「武蔵」は完全にその機能を低下させた。スクリューも三軸が運転不能となり、一軸だけでようやく走っている。

舵も思うように動かなくなった。六台の巨大な舵取機械も、ほとんどその効力を失いつつあり、惰性でわずかに進んでいるといった状態である。

そして、その重傷を負った「武蔵」は、もはや落伍寸前という状況で、「大和」の後続を走ることは不可能となった。

このとき、その止めをさすように、「武蔵」の右舷から二機の敵雷撃機が超低空で接近してきた。

その機体の腹には、魚雷が抱かれているのがはっきりと見える。

「武蔵」は殺到してくる敵機に、死に物狂いで対空砲火を射ちまくる――その対空砲火の死角を狙って、忍者のように近づく二機から、二本の魚雷がつぎつぎと切って落とされた。

それは、水平に海中へザブーンと投下される。

その瞬間にも、「武蔵」の噴き上げるような対空砲火は、物凄い勢いを示し、どこにこれだけの力がまだ残されているのかと思うほどにすさまじい。

しかし、二機の雷撃機から切って落とされた二本の魚雷は、動けなくなったこの巨艦「武蔵」の右舷に容赦なく命中、「武蔵」の舷側から火柱と水柱が吹き上がる。

これを最後に、第三次空襲は終わり、潮が引いたように敵機は去って行った。

そのあとには、海岸の高い山を背景にして、傾いた「武蔵」の巨体が、夕日を浴びて浮かび上がっている。

そのつぎの第四次空襲では、この「武蔵」を忘れたかのように、敵機は近づかなかった。

もっぱら、「大和」「長門」など他の艦や、第二部隊の「金剛」「榛名」などに集中してきた。

この第四次空襲が終わってから、約十五分が経過して、一四五九（午後二時五十九分）、この日最大の攻撃、第五次空襲がはじまった。

来襲した敵機約百機。

そのうちの七十五機が、「武蔵」に殺到した。航行不能になった「武蔵」一艦が、第五次空襲を引き受けたようなものである。 

しかし、被害甚大で動けなくなった「武蔵」の対空砲火はやはり物凄く、その噴き上げる砲火と攻撃による水柱とで全艦がつつみこまれ、その姿はまさに、阿修羅の断末魔さながらであった。

この第五次空襲が去って、静かなシブヤン海にもどる。爆煙と水柱の消えたあとには、傷ついてほとんど動けなくなった「武蔵」一隻だけが、ぽつーんと、停止しているように見える。

その「武蔵」の周囲に駆逐艦二隻を残し、栗田艦隊はしばらく東進をつづける。

が、しかし、栗田長官の命令で反転にうつり、レイテ進撃路とは反対の方向に静かに進路を変

える。

旗艦「大和」の艦上には、赤々の信号が掲げられた。

「トリカージ」

「取り舵十五度」

「モドーセー」

「面舵にあてー」

「モドーセー」

「針路二百九十度、ヨーソロー」

一五三〇（午後三時三十分）、西に針路をとると、敵は栗田艦隊を追い払ったつもりなのか、敵機の空襲はそのあと、嘘のようにピタリと止んだ。

こうして、西行すること一時間四十分あまり、一七一四（午後五時十四分）、「武蔵」が停止している海面に近づいた。

薄暗い海面に、比島を背にして、海面から没しようとして漂流している「武蔵」の姿が見える。

「武蔵」は、すこしずつ沖に流されている。

沈み行く「武蔵」には、総員退去がかけられていた。

このとき、栗田長官は「武蔵」の最後を確認したかのように、突然、再反転を指令――針路九十度とし、レイテに向かうため、サンベルナルジノ海峡に向かって、十八ノットに増速し、進撃を開始する。

あのシブヤン海のすさまじい修羅場、不沈艦といわれた「武蔵」の壮烈な最後、その「武蔵」を覆ったあの水柱は、いつまでも頭の中に焼きついて離れることはなかった。五十余年たった現在でも消えることはない。

このようにして、レイテ海戦では数多くの爆弾と魚雷をうけ、五千トンもの海水を呑みながらも健在で生き残った「大和」も、その六ヵ月後の昭和二十年四月七日、沖縄特攻に出撃、そこで「武蔵」のあとを追うことになる。

世界史上、類をみない巨大戦艦、「大和」と「武蔵」は、こうして、乗組員とともに海底に沈んで行き、敗戦という幕切れにつながっていくことになる。

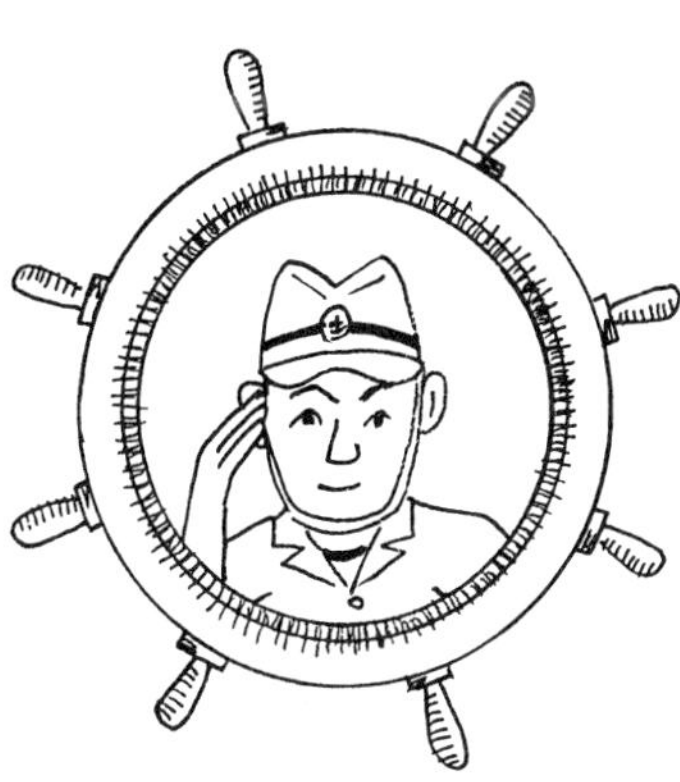

それは、敗戦への舵取りの大義名分であったと言うと思いすごしであろうか。「大和」も「武蔵」も、いや、栗田艦隊と小沢機動部隊も、すべて、敗北への捨て石ではなかったかと思いたくもなる。

捨て石を指示する連合艦隊司令部が、陸上の日吉の安全な地下壕にあったというのでは、なにか、どうしても割り切れないものが残るのである。

いつの時代でも、犠牲になるのは弱い立場である一般兵士——現代でいえば、一般庶民なのであろうか。

このような舵取りは、早くなおしてもらいたいものである。

単行本　平成七年十一月「〈続〉海軍かじとり物語」改題　光人社刊

ＮＦ文庫

海軍操舵員よもやま物語

二〇一五年一月九日　印刷
二〇一五年一月十五日　発行
著　者　小板橋孝策
発行者　高城直一
発行所　株式会社潮書房光人社
〒102-0073　東京都千代田区九段北一-九-十一
振替／〇〇一七〇-六-五四六九三
電話／〇三-三二六五-一八六四代
印刷所　慶昌堂印刷株式会社
製本所　東　京　美　術　紙　工
定価はカバーに表示してあります
乱丁・落丁のものはお取りかえ
致します。本文は中性紙を使用
ISBN978-4-7698-2868-6　C0195
http://www.kojinsha.co.jp

NF文庫

## 刊行のことば

第二次世界大戦の戦火が熄んで五〇年——その間、小社は夥しい数の戦争の記録を渉猟し、発掘し、常に公正なる立場を貫いて書誌とし、大方の絶讃を博して今日に及ぶが、その源は、散華された世代への熱き思い入れであり、同時に、その記録を誌して平和の礎とし、後世に伝えんとするにある。

小社の出版物は、戦記、伝記、文学、エッセイ、写真集、その他、すでに一、〇〇〇点を越え、加えて戦後五〇年になんなんとするを契機として、「光人社NF（ノンフィクション）文庫」を創刊して、読者諸賢の熱烈要望におこたえする次第である。人生のバイブルとして、心弱きときの活性の糧として、散華の世代からの感動の肉声に、あなたもぜひ、耳を傾けて下さい。